AutoCAD 2018

中文版电气设计

从入门到精通

■ 张玺 李纮 李申鹏 编著

人民邮电出版社

北 京

图书在版编目（CIP）数据

AutoCAD 2018中文版电气设计从入门到精通 / 张玺,
李纮，李申鹏编著. -- 北京：人民邮电出版社,
2019.1（2024.1重印）
　　ISBN 978-7-115-49690-4

Ⅰ．①A… Ⅱ．①张… ②李… ③李… Ⅲ．①电气设
备—计算机辅助设计—AutoCAD软件 Ⅳ．①TM02-39

中国版本图书馆CIP数据核字(2018)第234869号

内 容 提 要

本书重点介绍了 AutoCAD 2018 中文版在电气设计中的应用方法与技巧。全书分为两篇，共 14 章。其中，"基础知识篇"介绍了电气工程制图规则，AutoCAD 2018 入门，二维图形命令，基本绘图工具，文字、表格和尺寸标注，二维编辑命令，图块，设计中心与工具选项板等知识；"工程设计篇"介绍了机械电气设计、电力电气工程图设计、电路图的设计、控制电气图设计、建筑电气平面图设计、建筑电气系统图设计等工程设计实例。

全书解说翔实，图文并茂，语言简洁，思路清晰。在介绍的过程中由浅入深，从易到难，各章节既相对独立又前后关联。另外，作者还根据自己多年的教学经验，及时给出总结和相关提示，帮助读者及时快速掌握所学知识。

本书既可作为高等院校、各类职业院校相关专业的教材，也可作为初学 AutoCAD 的入门教材，还可以作为电气工程技术人员的参考用书。

- ◆ 编　著　张　玺　李　纮　李申鹏
　　责任编辑　俞　彬
　　责任印制　马振武
- ◆ 人民邮电出版社出版发行　　北京市丰台区成寿寺路 11 号
　　邮编　100164　　电子邮件　315@ptpress.com.cn
　　网址　http://www.ptpress.com.cn
　　三河市君旺印务有限公司印刷
- ◆ 开本：787×1092　1/16
　　印张：15.75　　　　　　　　　　2019 年 1 月第 1 版
　　字数：457 千字　　　　　　　　2024 年 1 月河北第 17 次印刷

定价：49.00 元

读者服务热线：(010)81055410　印装质量热线：(010)81055316
反盗版热线：(010)81055315
广告经营许可证：京东市监广登字 20170147 号

前　言

随着微电子技术，特别是计算机硬件和软件技术的迅猛发展，CAD 技术正在日新月异，突飞猛进地发展。目前，CAD 设计已经成为人们日常工作和生活中的重要内容。近年来，网络技术发展一日千里，结合其他设计制造业的发展，使 CAD 技术如虎添翼，CAD 技术正在乘坐网络技术的"特别快车"飞速向前，从而使 AutoCAD 更加羽翼丰满。同时，AutoCAD 技术一直致力于把工业技术与计算机技术融为一体，形成开放的大型 CAD 平台，特别是在机械、建筑、电子等领域更是先人一步，技术发展势头异常迅猛。

值此 AutoCAD 2018 最新版本面市之际，笔者精心组织几所高校的老师根据学生电气工程应用学习需要编写了本书。在本书中，处处凝结着教育者的经验与体会，贯彻着他们的教学思想，希望能够给广大读者的学习起到抛砖引玉的作用，为广大读者的学习与自学提供一个简洁有效的捷径。

一、本书特色

市面上的 AutoCAD 学习书籍浩如烟海，读者要挑选一本自己中意的书反而很困难，真是"乱花渐欲迷人眼"。那么，本书为什么能够在您"众里寻她千百度"之际，于"灯火阑珊处"让您"蓦然回首"呢，那是因为本书有以下 5 大特色。

☑ 作者权威

本书由 Autodesk 中国认证考试中心首席专家胡仁喜博士领衔的南山一樵工作室主编。本书是作者总结多年的设计经验以及教学的心得体会，历时多年精心编著，力求全面细致地展现出 AutoCAD 在电气设计应用领域的各种功能和使用方法。

☑ 实例专业

本书中有很多实例本身就是电气设计项目案例，经过作者精心提炼和改编。不仅保证了读者能够学好知识点，更重要的是能帮助读者掌握实际的操作技能。

☑ 提升技能

本书从全面提升 AutoCAD 电气设计能力的角度出发，结合大量的案例来讲解如何利用 AutoCAD 进行电气设计，真正让读者懂得计算机辅助电气设计并能够独立地完成各种工程设计。

☑ 内容全面

本书在一本书的篇幅内，包罗了 AutoCAD 常用的功能，内容涵盖了二维绘图基础和各种电气工程图绘制等知识。"秀才不出门，便知天下事"，读者只要有本书在手，AutoCAD 电气设计知识全精通。本书不仅有透彻的讲解，还有丰富的实例，通过这些实例的演练，能够帮助读者找到一条学习 AutoCAD 的捷径。

☑ 知行合一

结合大量的电气设计实例详细讲解 AutoCAD 知识要点，让读者在学习案例的过程中潜移默化地掌握 AutoCAD 软件操作技巧，同时培养了电气设计实践能力。

二、本书的组织结构和主要内容

本书是以 AutoCAD 2018 版本为演示平台，全面介绍 AutoCAD 软件从基础到实例的全部知识，帮助读者从入门走向精通。全书分为两篇共 14 章。各部分内容如下。

1. 基础知识篇——全面介绍 AutoCAD 二

维绘图与电气设计相关的基础知识

第 1 章主要介绍电气工程制图规则。

第 2 章主要介绍 AutoCAD 2018 入门。

第 3 章主要介绍二维图形命令。

第 4 章主要介绍基本绘图工具。

第 5 章主要介绍文字、表格和尺寸标注。

第 6 章主要介绍二维编辑命令。

第 7 章主要介绍图块。

第 8 章主要介绍设计中心与工具选项板。

2．工程设计篇——全面介绍各种电气工程图绘制方法

第 9 章主要介绍机械电气设计。

第 10 章主要介绍电力电气工程图设计。

第 11 章主要介绍电路图的设计。

第 12 章主要介绍控制电气图设计。

第 13 章主要介绍建筑电气平面图设计。

第 14 章主要介绍建筑电气系统图设计。

三、扫码看视频

为了方便读者学习，本书以二维码的形式提供了大量视频教程，扫描"云课"二维码即可获得全书视频，也可扫描正文中的二维码观看对应章节的视频。

云课

四、本书资源

本书除利用传统的纸媒讲解外，随书配送了电子资料包。包含全书讲解实例和练习实例的源文件素材，并制作了全程实例动画同步 AVI 文件。为了增强教学的效果，更进一步方便读者的学习，作者亲自对实例动画进行了配音讲解。通过扫描二维码，下载本书总时长约

35 小时 58 分钟的实例操作过程视频 AVI 文件，读者可以随心所欲，像看电影一样轻松愉悦地学习本书中的内容。

另外，为了延伸读者的学习范围，进一步丰富电子资料包的知识含量，随书电子资料包中还独家赠送了 AutoCAD 官方认证考试大纲和考试样题、AutoCAD 操作技巧 170 例、实用 AutoCAD 图样 100 套，以及长达 1000 分钟的相应操作过程录音讲解动画。

资源下载

提示：关注"职场研究社"公众号，回复关键词"49690"即可获得所有资源的获取方式。

五、致谢

本书具体由陆军工程大学军械士官学校光电火控系的张玺、李纮、李申鹏三位老师编著，其中张玺执笔编写了第 1~8 章，李纮执笔编写了第 9~11 章，李申鹏执笔编写了第 12~14 章。胡仁喜、张俊生、刘昌丽、王义发、王玉秋、王艳池、王玮、王敏、李亚莉、王培合、李兵、杨雪静、甘勤涛、卢园、孟培、闫聪聪等也为本书编写提供了大量帮助，在此向他们表示感谢！

由于时间仓促，加上编者水平有限，书中不足之处在所难免，望广大读者批评指正，也欢迎加入三维书屋图书学习交流群（QQ：575520269）交流探讨。

作者

2018 年 2 月

目　录

| 第二篇　工程设计篇 |

第一篇　基础知识篇

　　本篇首先向读者简要介绍了电气设计工作的特点，并归纳电气制图理论、方法和规范要点，然后向读者简要讲述AutoCAD 2018 的环境设置、绘图命令、绘图辅助命令、文本和表格、编辑命令、尺寸标注、图块、设计中心和工具选项板以及数据交换等基本操作知识，以便为后面的具体电气工程设计知识讲解打下基础。

第1章

电气工程制图规则

AutoCAD 电气设计是计算机辅助设计与电气设计的交叉学科。本书将全面地对各种 AutoCAD 电气设计方法和技巧进行深入细致的讲解。

本章将介绍电气工程制图的基础知识，包括电气工程图的种类、特点以及电气工程 CAD 制图的相关规范，并对电气图形符号进行初步说明。

重点与难点

- ➲ 电气工程图的种类
- ➲ 电气工程图的一般特点
- ➲ 电气工程 CAD 制图规范
- ➲ 电气图形符号的构成和分类

1.1 电气工程图的种类

电气工程图可以根据功能和使用场合不同而分为不同的类别，并且各类别的电气工程图又有某些联系和共同点，不同类别的电气工程图适用于不同的场合，其表达工程含义的侧重点也不尽相同。但对于不同专业或在不同场合下，只要是按照同一种用途绘成的电气工程图，不仅在表达方式与方法上必须是统一的，而且在图的分类与属性上也应该是一致的。

电气工程图用来阐述电气工程的构成和功能，描述电气装置的工作原理，提供安装、使用和维护的信息，辅助电气工程研究和指导电气工程施工等。电气工程的规模不同，其电气工程图的种类和数量也不同。电气工程图的种类和工程的规模有关，较大规模的电气工程通常要包含更多种类的电气工程图，从不同的角度表达不同侧重点的工程含义。一般来讲，一项电气工程的电气图通常会装订成册，以下是工程图册各部分内容的介绍。

1.1.1 电气工程图的目录和前言

电气工程图的目录如同书的目录，用于资料系统化和检索图样，可方便查阅，由序号、图样名称、编号和页数等构成。

图册前言中一般包括设计说明、图例、设备材料明细表和工程经费概算等。设计说明的主要作用在于阐述电气工程设计的依据、基本指导思想与原则，阐述图样中未能清楚表明的工程特点、安装方法、工艺要求、特殊设备的安装使用说明，以及有关注意事项等的补充说明。图例就是图形符号，一般在前言中只列出本图样涉及的一些特殊图例，通常图例都有约定俗成的图形格式，可以通过查询国家标准和电气工程手册获得。设备材料明细表列出该电气工程所需的主要电气设备和材料的名称、型号、规格和数量，可供进行实验准备、经费预算和购置设备材料时参考。工程经费概算用于大致统计出该套电气工程所需的费用，可以作为工程经费预算和决算的重要依据。

1.1.2 电气系统图和框图

系统图是一种简图，由符号或带注释的框绘制而成，用来大体表示系统、分系统、成套装置或设备的基本组成、相互关系及其主要特征，为进一步编制详细的技术文件提供依据，供操作和维修时参考。系统图是绘制较低层次的各种电气图（主要是指电路图）的主要依据。

系统图对布图有很高的要求，它强调布局清晰，以利于识别过程和信息的流向。基本的流向应该是自左至右或者自上至下，如图1-1所示。只有在某些特殊情况下方可例外。例如，用于表达非电工程中的电气控制系统或者电气控制设备的系统图和框图，可以根据非电过程的流程图绘制，但是图中的控制信号应该与过程的流向相互垂直，以便于识别，如图1-2所示。

图1-1 电气控制系统图

图1-2 轧钢厂的系统图

1.1.3 电路图

电路图是用图形符号绘制，并按工作顺序排列，详细表示电路、设备或成套装置基本组成部分的连接关系，侧重表达电气工程的逻辑关系，而不考虑工程器件等的实际位置的一种简图。电路图的用途很广，可以用于详细地介绍电路、设备或成套装置及其组成部分的作用原理，分析和计算电路特性，为测试和寻找故障提供信息，并可作为编制接线图的依据。简单的电路图还可以直接用于接线。

框图就是用符号或带注释的框，概略表示系统或分系统的基本组成、相互关系及主要特征的一种简图。系统图与框图有一定的共同点，都是用符号或带注释的框来表示。区别在于系统图通常用于表示系统或成套装置，而框图通常用于表示分系统或设备；系统图若标注项目代号，一般为高层代号，框图若标注项目代号，一般为种类代号。

电路图的布图应突出表示各功能的组合和性能。每个功能级都应以适当的方式加以区分，突出信息流及各级之间的功能关系，其中使用的图形符号必须具有完整的形式，元件画法应简单而且符合国家规范。电路图应根据使用对象的不同需要，相应地增加各种补充信息，特别是应该尽可能地给出维修所需的各种详细资料，如器件的型号与规格，还应标明测试点，并给出有关的测试数据（各种检测值）和资料（波形图）等。图1-3 所示为 CA6140 车床电气设备电路图。

图1-3 CA6140 车床电气设备电路图

1.1.4 电气接线图

接线图是用符号表示成套装置、设备的内外部各种连接关系的一种简图。根据接线图便于安装接线及维护。

接线图中的每个端子都必须标出元件的端子代号，连接导线的两个端子必须在工程中统一编号。布接线图时，应大体按照各个项目的相对位置进行布置，连接线可以用连续线画，也可以用断线画。如图1-4 所示，不在同一张图的连接线可采用断线画法。

图1-4 不在同一张图的连接线的中断画法

1.1.5 电气平面图

电气平面图用于表示某一电气工程中电气设备、装置和线路的平面布置。它一般是在建筑平面的基础上绘制出来的。常见的电气平面图有线路平面图、变电所平面图、照明平面图、弱点系统平面图、防雷与接地平面图等。图1-5所示为某车间的电气平面图。

图1-5　某车间的电气平面图

1.1.6 其他电气工程图

在常见电气工程图中，除了系统图、电路图、接线图和平面图4种主要工程图外，还有以下4种电气工程图。

1. 设备布置图

设备布置图主要表示各种电气设备的布置形式、安装方式及相互间的尺寸关系，通常由平面图、立体图、断面图和剖面图等组成。

2. 设备元件和材料表

设备元件和材料表是把某一电气工程所需主要设备、元件、材料和有关的数据列成表格，以表示其名称、符号、型号、规格和数量等。

3. 大样图

大样图主要表示电气工程某一部件、构件的结构，用于指导加工与安装，其中一部分大样图为国家标准。

4. 产品使用说明书用电气图

产品使用说明书用电气图用于表示电气工程中选用的设备和装置，其生产厂家往往随产品使用说明书附上电气图，这些也是电气工程图的组成部分。

1.2 电气工程图的一般特点

电气工程图属于专业工程用图，不同于机械工程图、建筑工程图，其主要特点可以归纳为以下5点。

1. 简图是电气工程图的主要形式

简图是采用图形符号和带注释的框或简化外形表示系统或设备中各组成部分之间相互关系的一种图，不同形式的简图从不同角度表达电气工程信息。

2. 元件和连接线是电气图描述的主要内容

一种电气装置主要由电气元件和连接线构成，因此无论何种电气工程图都是以电气元件和连接线为主的描述内容。

3. 电气工程图绘制过程中主要采用位置布局法和功能布局法

位置布局法是指电气图中元件符号的布置对应于该元件实际位置的布局方法。例如，电气工程图中的接线图、平面图通常都采用这种方法。功能布局法是指电气图中元件符号的位置只考虑便于表述它们所表示的元件之间的功能关系，而不考虑其实际位置的一种布局方法。系统图和电路图采用的都是这种方法。

4. 图形符号、文字符号和项目代号是构成电气图的基本要素

一个电气系统通常由许多部件、组件、功能单元等组成，即由很多项目组成。项目一般用简单的图形符号表示，为了便于区分，每个项目必须加上识别编号。

5. 电气图具有多样性

对能量流、信息流、逻辑流和功能流的不同描述方法，使电气图具有多样性，不同的电气工程图采用不同的描述方法。

1.3 电气工程 CAD 制图规范

本节主要介绍国家标准 GB/T 18135—2008《电气工程 CAD 制图规则》中常用的有关规定，同时对其引用的有关标准中的规定加以解释。

1.3.1 图纸格式

1. 幅面

电气工程图纸采用的基本幅面有 5 种：A0、A1、A2、A3 和 A4，各图幅的相应尺寸如表 1-1 所示。

表 1-1 图幅尺寸的规定（单位：mm）

幅面	A0	A1	A2	A3	A4
长	1189	841	594	420	297
宽	841	594	420	297	210

2. 图框

（1）图框尺寸

在电气图中，确定图框线的尺寸有两个依据：一是图纸是否需要装订；二是图纸幅面的大小。需要装订时，装订的一侧就要留出装订边。图 1-6 和图 1-7 分别为不留装订边的图框、留装订边的图框。右下角矩形区域为标题栏位置。图纸图框尺寸如表 1-2 所示。

图 1-6 不留装订边的图框

图 1-7 留装订边的图框

表 1-2 图纸图框尺寸（单位：mm）

幅面代号	A0	A1	A2	A3	A4
e	20		10		
c	10			5	
a	25				

（2）图框线宽

根据不同幅面和不同输出设备，图框的内框线宜采用不同的线宽，如表 1-3 所示。各种图幅的外框线均为 0.25mm 的实线。

表 1-3 图幅内框线宽（单位：mm）

幅面	喷墨绘图机	笔式绘图机
A0、A1	1.0	0.7
A2、A3、A4	0.7	0.5

1.3.2 文字

1. 字体

电气工程图图样和简图中的汉字字体应为 Windows 系统所带的"仿宋_GB2312"。

2. 文本尺寸高度

（1）常用的文本尺寸宜在下列尺寸中选择：1.5、3.5、5、7、10、14、20，单位为 mm。

（2）字符的宽高比约为 0.7。

（3）各行文字间的行距不应小于字高的 1.5 倍。

图样中采用的各种文本尺寸如表 1-4 所示。

表 1-4 图样中各种文本尺寸（单位：mm）

文本类型	中文		字母及数字	
	字高	字宽	字高	字宽
标题栏图名	7~10	5~7	5~7	3.5~5
图形图名	7	5	5	3.5
说明抬头	7	5	5	3.5
说明条文	5	3.5	3.5	1.5
图形文字标注	5	3.5	3.5	1.5
图号和日期	5	3.5	3.5	1.5

3．表格中的文字和数字

（1）数字书写：带小数的数值，按小数点对齐；不带小数的数值，按个位对齐。

（2）文本书写：正文左对齐。

1.3.3 图线

1．线宽

根据用途，图线宽度宜从下列线宽中选用：0.18、0.25、0.35、0.5、0.7、1.0、1.4、2.0，单位为 mm。

图形对象的线宽尽量不多于 2 种，每种线宽间的比值应不小于 2。

2．图线间距

平行线（包括画阴影线）之间的最小距离不小于粗线宽度的两倍，建议不小于 0.7mm。

3．图线型式

根据不同的结构含义，采用不同的线型，具体要求请参阅表 1-5。

4．线型比例

线型比例 k 与印制比例宜保持适当关系，当印制比例为 $1：n$ 时，在确定线宽库文件后，线型比例可取 $k×n$。

表 1-5　图线型式

图线名称	图形型式	图线应用
粗实线		电器线路、一次线路
细实线		二次线路、一般线路
虚 线		屏蔽线、机械连线
点画线		控制线、信号线、围框图
点画线、双点画线		原轮廓线
双点画线		辅助围框线、36V 以下线路

1.3.4 比例

推荐采用比例的规定如表 1-6 所示。

表 1-6　比例

类别	推荐比例
放大比例	50：1、5：1
原尺寸	1：1
缩小比例	1：2、1：20、1：200、1：2000、1：5、1：50、1：500、1：5000、1：10、1：100、1：1000、1：10000

1.4 电气图形符号的构成和分类

按简图形式绘制的电气工程图中，元件、设备、线路及其安装方法等都是借用图形符号、文字符号和项目代号来表达的。分析电气工程图，首先要知道这些符号的形式、内容、含义以及它们之间的相互关系。

1.4.1 电气图形符号的构成

电气图形符号包括一般符号、符号要素、限定符号和方框符号。

1．一般符号

一般符号是用来表示一类产品或此类产品特征的简单符号，如电阻、电容、电感等，如图 1-8 所示。

2．符号要素

符号要素是一种具有确定意义的简单图形，是一种必须同其他图形组合构成一种设备或概念的完

图1-8　电阻、电容、电感符号

整符号。例如，真空二极管是由外壳、阴极、阳极和灯丝 4 个符号要素组成的。符号要素一般不能单

独使用，只有按照一定方式组合起来才能构成完整的符号。符号要素的不同组合可以构成不同的符号。

3. 限定符号

一种用以提供附加信息的加在其他符号上的符号，称为限定符号。限定符号一般不代表独立的设备、器件和元件，仅用来说明某些特征、功能和作用等。限定符号一般不单独使用，一般符号加上不同的限定符号，则可得到不同的专用符号。例如，在开关的一般符号上加不同的限定符号可分别得到隔离开关、断路器、接触器、按钮开关和转换开关。

4. 方框符号

用以表示元件、设备等的组合及其功能，是既不给出元件、设备的细节，也不考虑所有连接关系的一种简单图形符号。方框符号在系统图和框图中使用得最多。另外，电路图中的外购件、不可修理件也可用方框符号表示。

1.4.2 电气图形符号的分类

新的《电气图用图形符号 总则》的国家标准代号为 GB/T 4728.1—2005，采用国际电工委员会（IEC）标准，在国际上具有通用性，有利于对外技术交流。GB/T 4728 电气图用图形符号共分 13 部分。

（1）总则：包括本标准内容提要、名词术语、符号的绘制、编号使用及其他规定。

（2）符号要素、限定符号和其他常用符号：内容包括轮廓和外壳、电流和电压的种类、可变性、力或运动的方向、流动方向、材料的类型、效应或相关性、辐射、信号波形、机械控制、操作件和操作方法、非电量控制、接地、接机壳和等电位、理想电路元件等。

（3）导体和连接件：内容包括电线、屏蔽或绞合导线、同轴电缆、端子与导线连接、插头和插座、电缆终端头等。

（4）基本无源元件：内容包括电阻器、电容器、铁氧体磁芯、压电晶体、驻极体等。

（5）半导体管和电子管：如二极管、三极管、晶闸管、电子管等。

（6）电能的发生与转换：内容包括绕组、发电机、变压器等。

（7）开关、控制和保护器件：内容包括触点、开关、开关装置、控制装置、启动器、继电器、接触器和保护器件等。

（8）测量仪表、灯和信号器件：内容包括指示仪表、记录仪表、热电偶、遥测装置、传感器、灯、电铃、蜂鸣器、喇叭等。

（9）电信交换和外围设备：内容包括交换系统、选择器、电话机、电报和数据处理设备、传真机等。

（10）电信传输：内容包括通信电路、天线、波导管器件、信号发生器、激光器、调制器、解调器、光纤传输线路等。

（11）建筑安装平面布置图：内容包括发电站、变电所、网络、音响和电视的分配系统、建筑用设备、露天设备。

（12）二进制逻辑元件：内容包括计算器、存储器等。

（13）模拟元件：内容包括放大器、函数器、电子开关等。

1.5 思考与练习

1. 电气工程图分为哪几类？

2. 电气工程图具有什么特点？

3. 在 CAD 制图中，电气工程图在图纸格式、文字、图线等方面有什么要求？

第2章

AutoCAD 2018 入门

在本章中，我们开始循序渐进地学习 AutoCAD 2018 绘图的基础知识。了解如何设置图形的系统参数、样板图，熟悉建立新的图形文件、打开已有文件的方法等。本章主要内容包括绘图环境设置、工作界面、绘图系统配置、文件管理和基本输入操作等。

重点与难点

- 操作界面
- 基本操作命令
- 配置绘图系统
- 文件管理

2.1 操作界面

AutoCAD 的操作界面是 AutoCAD 显示、编辑图形的区域，一个完整的 AutoCAD 2018 的操作界面如图 2-1 所示，包括标题栏、绘图区、十字光标、菜单栏、工具栏、坐标系图标、命令行窗口、状态栏、布局标签和快速访问工具栏等。

图 2-1　AutoCAD 2018 中文版的操作界面

注意　安装 AutoCAD 2018 后，在绘图区中右击鼠标，打开快捷菜单，如图 2-2 所示；选择"选项"命令，打开"选项"对话框，选择"显示"选项卡，在"窗口元素"选项组中将"配色方案"设置为"明"，如图 2-3 所示；单击"确定"按钮，退出对话框，其操作界面如图 2-4 所示。

图 2-2　快捷菜单

图 2-3　"选项"对话框

图 2-4 调整"明"后的工作界面

2.1.1 绘图区

绘图区是指在标题栏下方的大片空白区域，是用户使用 AutoCAD 2018 绘制图形的区域，用户完成一幅设计图形的主要工作都是在绘图区中完成的。

在绘图区中，还有一个作用类似于光标的十字线，其交点反映了光标在当前坐标系中的位置。在 AutoCAD 2018 中，将该十字线称为光标，AutoCAD 通过光标显示当前点的位置。十字线的方向与当前用户坐标系的 X 轴、Y 轴方向平行，系统预设十字线的长度为屏幕大小的 5%，如图 2-1 所示。

2.1.2 菜单栏

在 AutoCAD "自定义快速访问工具栏"处调出菜单栏，如图 2-5 所示，调出后的菜单栏如图 2-6 所示。同其他 Windows 程序一样，AutoCAD 2018 的菜单也是下拉式的，并在菜单中包含子菜单。AutoCAD 2018 的菜单栏中包含 12 个菜单："文件""编辑""视图""插入""格式""工具""绘图""标注""修改""参数""窗口"和"帮助"。这些菜单几乎包含了 AutoCAD 2018 的所有绘图命令，后面的章节将围绕这些菜单展开讲述。一般来讲，AutoCAD 2018 下拉菜单中的命令有以下 3 种。

图 2-5 调出菜单栏

1. 带有小三角形的菜单命令

这种类型的命令后面带有子菜单。例如，选择菜单栏中的"绘图"菜单，指向其下拉菜单中的"圆"命令，屏幕上就会进一步下拉出"圆"子菜单

图 2-6 菜单栏显示界面

中所包含的命令，如图 2-7 所示。

图 2-7　带有子菜单的菜单命令

2．打开对话框的菜单命令

这种类型的命令后面带有省略号。例如，选择菜单栏中的"格式"菜单，选择其下拉菜单中的"表格样式"命令，如图 2-8 所示。屏幕上就会打开对应的"表格样式"对话框，如图 2-9 所示。

图 2-8　激活相应对话框的菜单命令

图 2-9　"表格样式"对话框

3．直接操作的菜单命令

选择这种类型的命令，将直接进行相应的绘图或其他操作。例如，选择"视图"菜单中的"重画"命令，如图 2-10 所示。系统将直接对屏幕图形进行重画。

图 2-10　直接执行菜单命令

2.1.3　工具栏

工具栏是一组按钮工具的集合。选择菜单栏中的工具→工具栏→AutoCAD，调出所需要的工具栏，把光标移动到某个图标，稍停片刻即在该图标一侧显示相应的工具提示，同时在状态栏中，显示对应的说明和命令名。此时，单击图标即可启动相应命令。

1. 设置工具栏

AutoCAD 2018 的标准菜单提供有几十种工具栏。选择菜单栏中的工具→工具栏→AutoCAD，调出所需要的工具栏，如图 2-11 所示。单击某一个未在界面显示的工具栏名，系统自动在界面打开该工具栏。反之，关闭工具栏。

图 2-11　调出工具栏

2. 工具栏的"固定""浮动"与打开

工具栏可以在绘图区"浮动"显示，如图 2-12 所示，此时显示该工具栏标题，并可关闭该工具栏。用鼠标可以拖动"浮动"工具栏到图形区边界，使它变为"固定"工具栏，此时该工具栏标题隐藏。也可以把"固定"工具栏拖出，使它成为"浮动"工具栏。

图 2-12　"浮动"工具栏

在有些图标的右下角带有一个小三角，按住鼠标左键会打开相应的工具栏，选择其中适用的工具单击鼠标左键，该图标就成为当前图标。单击当前图标，即可执行相应命令，如图 2-13 所示。

图 2-13　打开工具栏

2.1.4　命令行窗口

命令行窗口是输入命令名和显示命令提示的区域，默认的命令行窗口位于绘图区下方，是若干文本行。对命令行窗口，有以下几点需要说明。

（1）移动拆分条可以扩大或缩小命令行窗口。

（2）可以拖动命令行窗口，布置在屏幕上的其他位置。默认情况下布置在图形窗口的下方。

（3）对当前命令行窗口中输入的内容，可以按 F2 键，用文字编辑的方法进行编辑，如图 2-14 所示。AutoCAD 文本窗口和命令行窗口相似，它可以显示当前 AutoCAD 进程中命令的输入和执行过程，在执行某些 AutoCAD 命令时，它会自动切换到文本窗口，列出相关信息。

（4）AutoCAD 通过命令行窗口，反馈各种信息，包括出错信息等。因此，用户要时刻关注在命令行窗口中出现的信息。

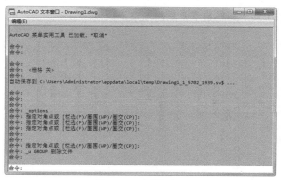

图 2-14　命令行窗口

2.1.5　布局标签

AutoCAD 2018 系统默认设定一个模型空间布局标签和"布局 1""布局 2"两个图纸空间布局标签。

1. 布局

布局是系统为绘图设置的一种环境，包括图纸大小、尺寸单位、角度设定、数值精确度等，在系统预设的 3 个标签中，这些环境变量都保留默认设置。用户根据实际需要改变这些变量的值。例如，默认的尺寸单位是 mm，如果绘制的图形的单位是英制的英寸，就可以改变尺寸单位环境变量的设置，具体方法将在后面章节介绍。用户也可以根据需要设置符合自己要求的新标签。

2. 模型

AutoCAD 的空间分模型空间和图纸空间。模型空间是用户通常绘图的环境，而在图纸空间中，用户可以创建称为"浮动视口"的区域，以不同视图显示所绘图形。用户可以在图纸空间中调整浮动视口并决定所包含视图的缩放比例。如果选择图纸空间，则可打印多个视图，用户可以打印任意布局的视图。在后面的章节中，将专门详细地讲解有关模型空间与图纸空间的知识，请注意学习体会。

AutoCAD 2018 系统默认打开模型空间，用户可以通过鼠标左键单击选择需要的布局。

2.1.6　状态栏

状态栏在屏幕的底部，依次有"坐标""模型空间""显示图形栅格""捕捉模式""推断约束""动态输入""正交模式""极轴追踪""等轴测草图""对象捕捉追踪""二维对象捕捉""线宽""透明度""选择循环""三维对象捕捉""动态 UCS""选择过滤""小控件""注释可见性""自动缩放""注释比例""切换工作空间""注释监视器""单位""快捷特性""锁定用户界面""隔离对象""硬件加速""全屏显示"和"自定义"30 个功能按钮。左键单击部分开关按钮，可以实现这些功能的开关。通过单击部分按钮也可以控制图形或绘图区的状态。

（1）坐标：显示工作区鼠标放置点的坐标。

（2）模型或图纸空间：在模型空间与布局空间之间进行转换。

（3）显示图形栅格：栅格是覆盖整个坐标系 (UCS) XY 平面的直线或点组成的矩形图案。使用栅格类似于在图形下放置一张坐标纸。利用栅格可以对齐对象并直观显示对象之间的距离。

（4）捕捉模式：对象捕捉对于在对象上指定精确位置非常重要。不论何时提示输入点，都可以指定对象捕捉。默认情况下，当光标移到对象的对象捕捉位置时，将显示标记和工具提示。

（5）推断约束：自动在正在创建或编辑的对象与对象捕捉的关联对象或点之间应用约束。

（6）动态输入：在光标附近显示出一个提示框（称之为"工具提示"），工具提示中显示出对应的命令提示和光标的当前坐标值。

（7）正交模式：将光标限制在水平或垂直方向上移动，以便于精确地创建和修改对象。当创建或移动对象时，可以使用"正交"模式将光标限制在相对于用户坐标系 (UCS) 的水平或垂直方向上。

（8）极轴追踪：使用极轴追踪，光标将按指定角度进行移动。创建或修改对象时，可以使用"极轴追踪"来显示由指定的极轴角度所定义的临时对齐路径。

（9）等轴测草图：通过设定"等轴测捕捉 /

> **注意** 默认情况下，不会显示所有工具，可以通过状态栏上最右侧的按钮选择要从"自定义"菜单显示的工具。状态栏上显示的工具可能会发生变化，具体取决于当前的工作空间以及当前显示的是"模型"选项卡还是"布局"选项卡。下面对部分状态栏上的按钮做简单介绍，如图 2-15 所示。

图 2-15　状态栏

栅格"，可以很容易地沿 3 个等轴测平面之一对齐对象。尽管等轴测图形看似三维图形，但它实际上是由二维图形表示。因此不能期望提取三维距离和面积、从不同视点显示对象或自动消除隐藏线。

（10）对象捕捉追踪：使用对象捕捉追踪，可以沿着基于对象捕捉点的对齐路径进行追踪。已获取的点将显示一个小加号 (+)，一次最多可以获取 7 个追踪点。获取点之后，在绘图路径上移动光标，将显示相对于获取点的水平、垂直或极轴对齐路径。例如，可以基于对象端点、中点或者对象的交点，沿着某个路径选择一点。

（11）二维对象捕捉：使用执行对象捕捉设置（也称为对象捕捉），可以在对象上的精确位置指定捕捉点。选择多个选项后，将应用选定的捕捉模式，以返回距离靶框中心最近的点。按 Tab 键以在这些选项之间循环。

（12）线宽：分别显示对象所在图层中设置的不同宽度，而不是统一线宽。

（13）透明度：使用该命令，调整绘图对象显示的明暗程度。

（14）选择循环：当一个对象与其他对象彼此接近或重叠时，准确的选择某一个对象是很困难的，使用选择循环的命令，单击鼠标左键，弹出"选择集"列表框，里面列出了用鼠标单击周围的图形，然后在列表中选择所需的对象。

（15）三维对象捕捉：三维中的对象捕捉与在二维中工作的方式类似，不同之处在于在三维中可以投影对象捕捉。

（16）动态 UCS：在创建对象时使 UCS 的 XY 平面自动与实体模型上的平面临时对齐。

（17）选择过滤：根据对象特性或对象类型对选择集进行过滤。当按下图标后，只选择满足指定条件的对象，其他对象将被排除在选择集之外。

（18）小控件：帮助用户沿三维轴或平面移动、旋转或缩放一组对象。

（19）注释可见性：当图标亮显时表示显示所有比例的注释性对象；当图标变暗时表示仅显示当前比例的注释性对象。

（20）自动缩放：注释比例更改时，自动将比例添加到注释对象。

（21）注释比例：单击注释比例右下角小三角符

AutoCAD 2018 入门 **第 2 章**

号弹出注释比例列表，如图 2-16 所示，可以根据需要选择适当的注释比例。

图 2-16 注释比例

（22）切换工作空间：进行工作空间转换。

（23）注释监视器：打开仅用于所有事件或模型文档事件的注释监视器。

（24）单位：指定线性和角度单位的格式和小数位数。

（25）快捷特性：控制快捷特性面板的使用与禁用。

（26）锁定用户界面：按下该按钮，锁定工具栏、面板和可固定窗口的位置和大小。

（27）隔离对象：当选择隔离对象时，在当前视图中显示选定对象。所有其他对象都暂时隐藏；当选择隐藏对象时，在当前视图中暂时隐藏选定对象。所有其他对象都可见。

（28）硬件加速：设定图形卡的驱动程序以及设置硬件加速的选项。

（29）全屏显示：该选项可以清除 Windows 窗口中的标题栏、功能区和选项板等界面元素，使 AutoCAD 的绘图窗口全屏显示，如图 2-17 所示。

图 2-17 全屏显示

（30）自定义：状态栏可以提供重要信息，而无需中断工作流。使用 MODEMACRO 系统变量可将应用程序所能识别的大多数数据显示在状态栏中。

使用该系统变量的计算、判断和编辑功能可以完全按照用户的要求构造状态栏。

2.2 基本操作命令

本节介绍一些常用的操作命令，引导读者掌握一些最基本的操作知识。

2.2.1 命令输入方式

AutoCAD 交互绘图必须输入必要的指令和参数。有多种 AutoCAD 命令输入方式（以画直线为例）。

1. 在命令行窗口输入命令名

命令字符可不区分大小写。例如，命令 LINE 在执行时，在命令行提示中经常会出现命令选项。如输入绘制直线命令 LINE 后，命令行中的提示为：

命令：LINE ✓
指定第一个点：（在屏幕上指定一点或输入一个点的坐标）

指定第一点后，命令行会继续提示：

指定下一点或 [放弃(U)]：

选项中不带括号的提示为默认选项，因此可以直接输入直线段的起点坐标或在屏幕上指定一点，如果要选择其他选项，则应该首先输入该选项的标识字符，如"放弃"选项的标识字符"U"，然后按系统提示输入数据即可。在命令选项的后面有时候还带有尖括号，尖括号内的数值为默认数值。

2. 在命令行窗口输入命令缩写

如 L（Line）、C（Circle）、A（Arc）、Z（Zoom）、R（Redraw）、M（Move）、CO（Copy）、PL（Pline）、E（Erase）等。

3. 选择绘图菜单直线选项

选择该选项后，在状态栏中可以看到对应的命令说明及命令名。

4. 选择工具栏中的对应图标

选择工具栏中的图标后，在状态栏中也可以看到对应的命令说明及命令名。

5. 在绘图区打开快捷菜单

如果在前面刚使用过要输入的命令，可以在绘图区右键快捷菜单，在"最近的输入"子菜单中选择需要的命令，如图 2-18 所示。"最近的输入"子菜单中存储最近使用的命令，如果经常重复使用某个命令，这种方法就比较快捷。

6. 在命令行直接回车

如果用户要重复使用上次使用的命令，可以直接在命令行回车，系统立即重复执行上次使用的命令，这种方法适用于重复执行某个命令。

图 2-18　命令行右键快捷菜单

2.2.2 命令的重复、撤销、重做

1. 命令的重复

在命令行窗口中按 Enter 键可重复执行上一个命令，不管上一个命令是否已经完成。

2. 命令的撤销

在命令执行的任何时刻，用户都可以取消和终止命令的执行。该命令的执行方式如下。

命令行：UNDO

菜单："编辑"→"放弃"

工具栏：标准→放弃 或快速访问→放弃

快捷键：Esc

3. 命令的重做

已被撤销的命令还可以恢复重做。可以恢复撤销的最后一个命令。该命令的执行方式如下。

命令行：REDO

菜单："编辑"→"重做"

工具栏：标准→重做 或快速访问→重做

快捷键：Ctrl+Y

AutoCAD 2018 可以一次执行多重放弃和重做操作。单击"快速访问"工具栏中的"放弃"按钮或"重做"按钮后面的小三角形，可以选择要放弃或重做的操作，如图 2-19 所示。

图 2-19　多重重做

2.2.3 按键定义

在 AutoCAD 2018 中，除了可以通过在命令行窗口输入命令、点取工具栏图标或点取菜单项来完成外，还可以使用键盘上的功能键或快捷键，通过这些功能键或快捷键，可以快速实现指定功能，如单击 F1 键，系统将打开 AutoCAD 帮助对话框。

系统使用 AutoCAD 传统标准（Windows 之前）或 Microsoft Windows 标准解释快捷键。有些功能键或快捷键在 AutoCAD 的菜单中已经指出，如"粘贴"的快捷键为"Ctrl+V"，这些只要用户在使用的过程中多加留意，就会熟练掌握。快捷键的定义见菜单命令后面的说明，如"粘贴 (P) Ctrl+V"。

2.2.4 命令执行方式

有的命令有两种执行方式：通过对话框和通过命令行执行。如指定使用命令行窗口方式，可以在命令名前加横划线来表示，如 -LAYER 表示用命令行方式执行"图层"命令。而如果在命令行输入 LAYER，则系统会自动打开"图层特性管理器"对话框。

另外，有些命令同时存在命令行、菜单和工具栏 3 种执行方式，这时如果选择菜单或工具栏方式，命令行会显示该命令，并在前面加一个下划线，如通过菜单或工具栏方式执行"直线"命令时，命令行会显示 _line，命令的执行过程及结果与命令行方式相同。

2.2.5 坐标系统与数据的输入方法

1. 坐标系

AutoCAD 采用两种坐标系：世界坐标系（WCS）与用户坐标系（UCS）。用户刚进入 AutoCAD 时的坐标系统就是世界坐标系，是固定的坐标系统。世界坐标系也是坐标系统中的基准，绘制图形时，大多都是在这个坐标系统下进行的。进入用户坐标系的执行方式如下。

命令行：UCS

菜单："工具" → "新建 UCS"

AutoCAD 有两种视图显示方式：模型空间和布局空间。模型空间是指单一视图显示法，通常使用的都是这种显示方式；图纸空间是指在绘图区域创建图形的多视图。用户可以对其中每一个视图进行单独操作。在默认情况下，当前 UCS 与 WCS 重合。图 2-20（a）为模型空间下的 UCS 坐标系图标，通常放在绘图区左下角处；也可以指定它放在当前 UCS 的实际坐标原点位置，如图 2-20（b）所示；图 2-20（c）所示为布局空间下的坐标系图标。

| (a) | (b) | (c) |

图 2-20 坐标系图标

2. 数据输入方法

在 AutoCAD 2018 中，点的坐标可以用直角坐标、极坐标、球面坐标和柱面坐标表示，每一种坐标又分别具有两种坐标输入方式：绝对坐标和相对坐标。其中直角坐标和极坐标最为常用，下面主要介绍它们的数据输入方法。

（1）直角坐标法：用点的 X、Y 坐标值表示的坐标。在命令行中输入点的坐标，输入"15,18"，表示输入了一个 X、Y 的坐标值分别为 15、18 的点，此为绝对坐标输入方式，表示该点的坐标是相对于当前坐标原点的坐标值，如图 2-21（a）所示。如果输入"@10,20"，则为相对坐标输入方式，表示该点的坐标是相对于前一点的坐标值，如图 2-21（b）所示。

注意 默认情况下，不会显示所有工具，可以通过状态栏上最右侧的按钮选择要从"自定义"菜单显示的工具。状态栏上显示的工具可能会发生变化，具体取决于当前的工作空间以及当前显示的是"模型"选项卡还是"布局"选项卡。

（2）极坐标法：用长度和角度表示的坐标，只能用来表示二维点的坐标。

在绝对坐标输入方式下，表示为"长度<角度"，如"25<50"，其中长度表示为该点到坐标原点的距离，角度为该点至原点的连线与 X 轴正向的夹角，如图 2-21（c）所示。

在相对坐标输入方式下，表示为"@ 长度<角度"，如"@25<45"，其中长度为该点到前一点的距离，角度为该点至前一点的连线与 X 轴正向的夹角，如图 2-21（d）所示。

（a）　　（b）　　（c）　　（d）

图 2-21　数据输入方法

3. 动态数据输入

单击状态栏上的"动态输入"按钮 +▁，系统打开动态输入功能，可以在屏幕上动态地输入某些参数数据，例如，绘制直线时，在光标附近，会动态

地显示"指定第 1 点"，以及后面的坐标框，当前显示的是光标所在位置，可以输入数据，两个数据之间以逗号隔开，如图 2-22 所示。指定第一点后，系统动态显示直线的角度，同时要求输入线段长度值，如图 2-23 所示，其输入效果与"@ 长度<角度"方式相同。

图 2-22　动态输入坐标值

图 2-23　动态输入长度值

2.3　配置绘图系统

由于每台计算机所使用的显示器、输入设备和输出设备的类型不同，用户喜好的风格及计算机的目录设置也是不同的。一般情况下，使用 AutoCAD 2018 的默认配置就可以绘图，但为了使用用户的定点设备或打印机并提高绘图的效率，AutoCAD 推荐用户在开始作图前先进行必要的配置。

2.3.1　选项命令

执行方式

命令行：PREFERENCES

菜单："工具"→"选项"

右键菜单：选项（单击鼠标右键，系统打开右键菜单，其中包括一些最常用的命令）

操作步骤

命令：preferences ✓

执行上述命令后，系统自动打开"选项"对话框。用户可以在该对话框中选择有关选项，对系统进行配置。下面只对其中的"显示"配置选项卡进

行说明，其他配置选项在后面用到时再作具体说明。

在"选项"对话框中的第 2 个选项卡为"显示"，该选项卡控制 AutoCAD 窗口的外观，如图 2-24 所示。该选项卡用于设定屏幕菜单、屏幕颜色、光标大小、滚动条显示与否、固定命令行窗口中文字行数、AutoCAD 的版面布局设置、各实体的显示分辨率以及 AutoCAD 运行时的其他各项性能参数的设定等。有关选项的设置，读者可自己参照程序"帮助"文件学习。

> **注意**　在设置实体显示分辨率时，显示质量越高，分辨率越高，计算机计算的时间就越长，不应将其设置得太高。显示质量设定在一个合理的程度上是很重要的。

图 2-24 "显示"选项卡

在默认情况下，AutoCAD 2018 的绘图窗口是白色背景、黑色线条，有时需要修改绘图窗口颜色。

2.3.2 实例——修改绘图窗口的颜色

STEP 绘制步骤

❶ 选择菜单栏中的"工具"→"选项"命令，打开"选项"对话框。切换到"显示"选项卡，如图 2-24 所示。

扫一扫

单击"窗口元素"选项组中的"颜色"按钮，将打开图 2-25 所示的"图形窗口颜色"对话框。

图 2-25 "图形窗口颜色"对话框

❷ 单击"图形窗口颜色"对话框中"颜色"下拉列表框右侧的下拉箭头，在打开的下拉列表中，选择需要的窗口颜色，然后单击"应用并关闭"按钮，此时 AutoCAD 2018 的绘图窗口变成了窗口背景色。

2.4 文件管理

本节将介绍有关文件管理的一些基本操作方法，包括新建文件、打开已有文件、保存文件、删除文件等，这些都是进行 AutoCAD 2018 操作最基础的知识。

2.4.1 新建文件

执行方式

命令行：NEW

菜单："文件"→"新建"或"主菜单"→"新建"

工具栏：标准→新建 或快速访问→新建

操作步骤

命令：NEW ✓

执行上述命令后，系统打开如图 2-26 所示的"选择样板"对话框。

在运行快速创建图形功能之前必须进行如下设置。

图 2-26 "选择样板"对话框

（1）在命令行中，将 FILEDIA 系统变量设置为 1；将 STARTUP 系统变量设置为 0。

（2）选择菜单栏中的"工具"→"选项"命令，选择默认图形样板文件。具体方法是：在"文件"选项卡下，单击标记为"样板设置"的节点下的"快速新建的默认样板文件名"分节点，再单击选中其下的"无"节点，如图 2-27 所示。单击"浏览"按钮，打开"选择文件"对话框，然后选择需要的样板文件。

图 2-27 "文件"选项卡

2.4.2 | 打开文件

执行方式

命令行：OPEN

菜单："文件"→"打开"或"主菜单"→"打开"

工具栏：标准→打开 📂 或快速访问→打开 📂

操作步骤

命令：OPEN ✓

执行上述命令后，打开"选择文件"对话框，如图 2-28 所示，在"文件类型"列表框中用户可选

图 2-28 "选择文件"对话框

择 .dwg 文件、.dwt 文件、.dxf 文件和 .dws 文件。.dws 文件是包含标准图层、标注样式、线型和文字样式的样板文件；.dxf 文件是用文本形式存储的图形文件，能够被其他程序读取，许多第三方应用软件都支持 .dxf 格式。

2.4.3 | 保存文件

执行方式

命令行：QSAVE（或 SAVE）

菜单："文件"→"保存"或"另存为"

工具栏：标准→保存 💾 或快速访问→保存 💾

操作步骤

命令：QSAVE ✓（或 SAVE）

执行上述命令后，若文件已命名，则 AutoCAD 自动保存；若文件未命名（即为默认名 drawing1.dwg），则系统会打开"图形另存为"对话框，如图 2-29 所示，用户可以将其命名后保存。在"保存于"下拉列表框中可以指定保存文件的路径；在"文件类型"下拉列表框中可以指定保存文件的类型。

图 2-29 "图形另存为"对话框

为了防止因意外操作或计算机系统故障导致正在绘制的图形文件丢失，可以对当前图形文件设置自动保存，自动保存相关说明如下所示。

（1）利用系统变量 SAVEFILEPATH 设置所有"自动保存"文件的位置，如 C:\HU\。

（2）利用系统变量 SAVEFILE 存储"自动保存"

文件名。该系统变量存储的文件名文件是只读文件，用户可以从中查询自动保存的文件名。

利用系统变量 SAVETIME 指定在使用"自动保存"时多长时间保存一次图形，单位是分钟。

2.4.4 另存为

执行方式

命令行：SAVEAS

菜单："文件"→"另存为"

操作步骤

命令：SAVEAS ✓

执行上述命令后，打开"图形另存为"对话框，如图 2-29 所示，AutoCAD 用另存名保存，并把当前图形更名。

2.4.5 退出

执行方式

命令行：QUIT 或 EXIT

菜单："文件"→"退出"

按钮：AutoCAD 操作界面右上角的"关闭"按钮×

操作步骤

命令：QUIT ✓（或 EXIT ✓）

执行上述命令后，若用户对图形所做的修改尚未保存，则会出现图 2-30 所示的系统提示对话框。选择"是"按钮，系统将保存文件，然后退出；选择"否"按钮，系统将不保存文件而直接退出。若用户对图形所做的修改已经保存，则直接退出。

图 2-30　系统提示对话框

2.5 上机实验

【实验1】设置绘图环境

1. 目标要求

任何一个图形文件都有一个特定的绘图环境，包括图形边界、绘图单位和角度等。设置绘图环境通常有两种方法，即设置向导与单独的命令设置方法。通过学习设置绘图环境，可以促进读者对图形总体环境的认识。

2. 操作提示

（1）单击"快速访问"工具栏中的"新建"按钮，系统打开"选择样板图"对话框。

（2）选择合适的样板图，打开一个新图形文件。

（3）选择菜单栏中的"格式"→"单位"命令，系统打开"图形单位"对话框。

（4）分别逐项选择：类型为"小数"，精度为"0.00"；角度为"度 / 分 / 秒"，精度为"0d00'00""；选中"顺时针"复选框，插入时的缩放单位"毫米"，单击"确定"按钮。

【实验2】熟悉操作界面

1. 目标要求

操作界面是用户绘制图形的平台，操作界面的各个部分都有其独特的功能，熟悉操作界面有助于用户方便快速地进行绘图。本实验要求读者了解操作界面各部分的功能，掌握改变绘图窗口颜色和光标大小的方法，能够熟练地打开、移动、关闭工具栏。

2. 操作提示

（1）启动 AutoCAD 2018，进入绘图界面。

（2）调整操作界面大小。

（3）设置绘图窗口颜色与光标大小。

（4）打开、移动、关闭工具栏。

（5）尝试同时利用命令行、下拉菜单和工具栏绘制一条线段。

【实验3】管理图形文件

1. 目标要求

图形文件管理包括文件的新建、打开、保存、加密和退出等。本实验要求读者熟练掌握 DWG 文件的保存、自动保存、加密以及打开的方法。

2. 操作提示

（1）启动 AutoCAD 2018，进入绘图界面。

（2）打开一幅已经保存过的图形。

（3）进行自动保存设置。

（4）进行加密设置。

（5）将图形以新的名字保存。

（6）尝试在图形上绘制任意图形。

（7）退出该图形文件。

（8）尝试重新打开按新名称保存的原图形文件。

【实验4】输入数据

1. 目标要求

AutoCAD 2018 人机交互的最基本内容就是数据输入。本实验要求读者灵活熟练地掌握各种数据的输入方法。

2. 操作提示

（1）在命令行输入 LINE 命令。

（2）输入起点的直角坐标方式下的绝对坐标值。

（3）输入下一点的直角坐标方式下的相对坐标值。

（4）输入下一点的极坐标方式下的绝对坐标值。

（5）输入下一点的极坐标方式下的相对坐标值。

（6）用鼠标直接指定下一点的位置。

（7）单击状态栏上的"正交模式"按钮，用鼠标拉出下一点方向，在命令行输入一个数值。

（8）按 Enter 键结束绘制线段的操作。

2.6 思考与练习

1. 请指出 AutoCAD 2018 中菜单栏、命令窗口、状态栏、工具栏、功能区的位置及作用。

2. 打开未显示工具栏的方法有哪几种？

3. 请用第 2 题中的方法打开工具栏，利用"圆"（CIRCLE）命令绘制圆。

第 3 章

二维图形命令

二维图形是指在二维平面空间绘制的图形，主要由一些基本图形元素，如点、直线、圆弧、圆、椭圆、矩形和多边形等几何元素组成。AutoCAD 提供了大量的绘图工具，可以帮助用户完成二维图形的绘制。

重点与难点

- ➲ 点、直线、圆类图形命令
- ➲ 平面图形命令
- ➲ 高级绘图命令

3.1 点与直线命令

直线类命令包括"直线""射线""构造线"命令，这几个命令是 AutoCAD 中最简单的绘图命令。

3.1.1 点

点在 AutoCAD 中有多种不同的表示方式，用户可以根据需要进行设置。

执行方式

命令行：POINT

菜单："绘图"→"点"→"单点或多点"

工具栏："绘图"→"点"

功能区：单击"默认"选项卡"绘图"面板中的"多点"按钮。

操作步骤

命令：POINT ✓
指定点：（指定点所在的位置）

选项说明

（1）通过菜单方法操作时（图 3-1），"单点"选项表示只输入一个点，"多点"选项表示可输入多个点。

图 3-1 "点"子菜单

（2）可以打开状态栏中的"对象捕捉"开关，设置点捕捉模式，帮助用户拾取点。

（3）点在图形中的表示样式，共有 20 种。选择菜单栏中的"格式"→"点样式"命令，打开"点

样式"对话框来设置，如图 3-2 所示。

图 3-2 "点样式"对话框

3.1.2 直线

执行方式

命令行：LINE

菜单："绘图"→"直线"

工具栏："绘图"→"直线"

功能区：单击"默认"选项卡"绘图"面板中的"直线"按钮

操作步骤

命令：LINE ✓
指定第一个点：（输入直线段的起点，用鼠标指定点或者给定点的坐标）
指定下一点或 [放弃 (U)]：（输入直线段的端点）
指定下一点或 [放弃 (U)]：（输入下一直线段的端点。输入选项 U 表示放弃前面的输入；单击鼠标右键或按 Enter 键，结束命令）
指定下一点或 [闭合 (C)／放弃 (U)]：（输入下一直线段的端点，或输入选项 C 使图形闭合，结束命令）

选项说明

（1）若按 Enter 键响应"指定第一点"提示，系统会把上次绘线（或弧）的终点作为本次操作的起始点。若上次操作为绘制圆弧，按 Enter 键响应后绘出通过圆弧终点与该圆弧相切的直线段，该线段的长度由鼠标在屏幕上指定的一点与切点之间线段的

长度确定。

（2）在"指定下一点"提示下，用户可以指定多个端点，从而绘出多条直线段。但是，每一段直线是一个独立的对象，可以进行单独的编辑操作。

（3）绘制两条以上直线段后，若用 C 响应"指定下一点"提示，系统会自动连接起始点和最后一个端点，从而绘出封闭的图形。

（4）若用 U 响应提示，则擦除最近一次绘制的直线段。

（5）若设置正交方式（单击状态栏上"正交"按钮），只能绘制水平直线或垂直线段。

（6）若设置动态数据输入方式（单击状态栏上"动态输入"按钮），则可以动态输入坐标或长度值。下面的命令同样可以设置动态数据输入方式，效果与非动态数据输入方式类似。除了特别需要，以后不再强调，而只按非动态数据输入方式输入相关数据。

3.1.3 | 实例——绘制阀

下面绘制如图 3-3 所示的阀符号。

图 3-3 阀

扫一扫

STEP 绘制步骤

❶ 单击"默认"选项卡"绘图"面板中的"直线"按钮 ∕，命令行提示与操作如下。

```
命令：_line
指定第一个点：
```

❷ 在屏幕上指定一点（即顶点 1 的位置）后按 Enter 键，系统继续提示，用相似方法输入阀的各个顶点。

```
指定下一点或 [放弃(U)]：（垂直向下在屏幕上指
定点 2）
指定下一点或 [放弃(U)]：（在屏幕上指定点 3，
使点 3 大约与点 1 等高，如图 3-4 所示）
指定下一点或 [闭合(C)/放弃(U)]：（垂直向下在
屏幕上指定点 4，使点 4 大约与点 2 等高）
指定下一点或 [闭合(C)/放弃(U)]：C✓（系统
自动封闭连续直线并结束命令）
```

图 3-4 指定点 3

 注意 电气制图对图形的尺寸要求不太严格，所以指定尺寸大小可以相对自由，只要求形状大小相对协调即可。

3.2 圆类图形命令

圆类命令主要包括"圆""圆弧""椭圆""椭圆弧""圆环"等命令，这几个命令是 AutoCAD 中最简单的曲线命令。

3.2.1 | 圆

执行方式

命令行：CIRCLE

菜单："绘图"→"圆"

工具栏："绘图"→"圆" ⊘

功能区：单击"默认"选项卡"绘图"面板中的"圆"按钮 ⊘

操作步骤

```
命令：CIRCLE ✓
指定圆的圆心或 [三点(3P)/两点(2P)/切点、
切点、半径(T)]：（指定圆心）
指定圆的半径或 [直径(D)]：（直接输入半径数值
或用鼠标指定半径长度）
指定圆的直径 <默认值>：（输入直径数值或用鼠标
指定直径长度）
```

选项说明

（1）三点（3P）。用指定圆周上 3 点的方法画圆。

（2）两点（2P）。指定直径的两端点画圆。

（3）切点、切点、半径（T）。按先指定两个相切对象，后给出半径的方法画圆。图 3-5 给出以"切点、切点、半径"方式绘制圆的各种情形（其中加黑的圆为最后绘制的圆）。

（a） （b） （c） （d）

图 3-5 圆与另外两个对象相切的各种情形

在"绘图"的"圆"菜单中多了一种"相切、相切、相切"的方法，当选择此方式时（图 3-6），命令行提示与操作如下。

指定圆上的第一个点：_tan 到：（指定相切的第 1 个圆弧）
指定圆上的第二个点：_tan 到：（指定相切的第 2 个圆弧）
指定圆上的第三个点：_tan 到：（指定相切的第 3 个圆弧）

图 3-6 "圆"子菜单

3.2.2 | 实例——绘制传声器

下面绘制如图 3-7 所示的传声器。

图 3-7 传声器

STEP **绘制步骤**

❶ 单击"默认"选项卡"绘图"面板中的"直线"按钮 ✏，竖直向下绘制一条直线，并设置线宽为 0.3，命令行提示与操作如下。

命令：_line
指定第一个点：（在屏幕适当位置指定一点）
指定下一点或 ［放弃 (U)］：（垂直向下在适当位置指定一点）
指定下一点或 ［放弃 (U)］：✓（按 Enter 键，完成直线绘制）

❷ 单击"默认"选项卡"绘图"面板中的"圆"按钮 ⊘，命令行提示与操作如下。

命令：_circle
指定圆的圆心或 ［三点 (3P)／两点 (2P)／切点、切点、半径 (T)］：（在直线左边中间适当位置指定一点。）
指定圆的半径或 ［直径 (D)］：（在直线上大约与圆心垂直的位置指定一点，如图 3-8 所示）

中点

图 3-8 指定半径

3.2.3 | 圆弧

执行方式

命令行：ARC（缩写名：A）

菜单："绘图"→"圆弧"

工具栏："绘图"→"圆弧" ◢

功能区：单击"默认"选项卡"绘图"面板中的"圆弧"按钮 ◢

操作步骤

命令：ARC ✓
指定圆弧的起点或 ［圆心 (C)］：（指定起点）

指定圆弧的第二点或 ［圆心（C）/端点（E）］：（指定第 2 点）

指定圆弧的端点：（指定端点）

选项说明

（1）用命令行方式画圆弧时，可以根据系统提示选择不同的选项，具体功能和用"绘图"菜单的"圆弧"子菜单提供的 11 种方式相似。这 11 种方式如图 3-9 所示。

图 3-9　11 种画圆弧的方法

（2）需要强调的是"继续"方式，绘制的圆弧与上一线段或圆弧相切，继续画圆弧段，因此提供端点即可。

3.2.4 │ 实例——绘制电抗器

下面绘制如图 3-10 所示的电抗器符号。

图 3-10　电抗器符号

STEP 绘制步骤

❶ 单击"默认"选项卡"绘图"面板中的"直

线"按钮 ，绘制垂直相交的适当长度的一条水平直线与一条竖直直线，如图 3-11 所示。

图 3-11　垂直相交直线

❷ 单击"默认"选项卡"绘图"面板中的"圆弧"按钮 ，绘制圆头部分圆弧，命令行提示与操作如下。

```
命令：_arc
指定圆弧的起点或 ［圆心（C）］：（打开"对象捕捉"开关，指定起点为水平线左端点）
指定圆弧的第二个点或 ［圆心（C）/端点（E）］：c✓
指定圆弧的圆心：（指定圆心为水平线右端点）
指定圆弧的端点或 ［角度（A）/弦长（L）］：a✓
指定包含角：-270✓
```

绘制结果如图 3-12 所示。

图 3-12　绘制圆弧

❸ 单击"默认"选项卡"绘图"面板中的"直线"按钮 ，绘制一条适当长度的竖直直线，直线起点为圆弧的下端点。最终结果如图 3-10 所示。

3.2.5 │ 圆环

执行方式

命令行：DONUT

菜单："绘图"→"圆环"

功能区：单击"默认"选项卡"绘图"面板中的"圆环"按钮 ◎

操作步骤

命令：DONUT ✓
指定圆环的内径 <默认值>：（指定圆环内径）
指定圆环的外径 <默认值>：（指定圆环外径）
指定圆环的中心点或 <退出>：（指定圆环的中心点）
指定圆环的中心点或 <退出>：（继续指定圆环的中心点，则继续绘制相同内外径的圆环。用 Enter 键、空格键或鼠标右键结束命令，如图 3-13（a）所示）

选项说明

（1）若指定内径为零，则画出实心填充圆，如图 3-13（b）所示。

（2）用命令 FILL 可以控制圆环是否填充，具体方法是：

命令：FILL ✓
输入模式 [开(ON)/关(OFF)] <开>：（选择 ON 表示填充，选择 OFF 表示不填充，如图 3-13（c）所示）

（a）　　　　（b）　　　　（c）

图 3-13　绘制圆环

3.2.6 | 椭圆与椭圆弧

执行方式

命令行：ELLIPSE

菜单："绘图"→"椭圆"→"圆弧"

工具栏："绘图"→"椭圆" ◎ 或"绘图"→"椭圆弧" ◠

功能区：单击"默认"选项卡"绘图"面板中的"椭圆"下拉菜单

操作步骤

命令：ELLIPSE ✓
指定椭圆的轴端点或 [圆弧(A)/中心点(C)]：（指定轴端点 1，如图 3-14（a）所示）
指定轴的另一个端点：（指定轴端点 2，如图 3-14（a）所示）
指定另一条半轴长度或 [旋转(R)]：

选项说明

（1）指定椭圆的轴端点：根据两个端点定义椭

圆的第 1 条轴。第 1 条轴的角度确定了整个椭圆的角度。第 1 条轴既可定义椭圆的长轴，也可定义短轴。

（a）　　　　　　　　（b）

图 3-14　椭圆和椭圆弧

（2）旋转（R）：通过绕第 1 条轴旋转圆来创建椭圆。相当于将一个圆绕椭圆轴翻转一个角度后的投影视图。

（3）中心点（C）：通过指定的中心点创建椭圆。

（4）圆弧（A）：该选项用于创建一段椭圆弧。与工具栏中的"绘图"→"椭圆弧"功能相同。其中第一条轴的角度确定了椭圆弧的角度。第 1 条轴既可定义椭圆弧长轴，也可定义椭圆弧短轴。选择该项，命令行提示与操作如下。

指定椭圆弧的轴端点或 [中心点(C)]：（指定端点或输入 C）
指定轴的另一个端点：（指定另一端点）
指定另一条半轴长度或 [旋转(R)]：（指定另一条半轴长度或输入 R）
指定起点角度或 [参数(P)]：（指定起始角度或输入 P）
指定端点角度或 [参数(P)/夹角(I)]：

其中各选项含义如下。

① 角度：指定椭圆弧端点的两种方式之一，光标与椭圆中心点连线的夹角为椭圆端点位置的角度，如图 3-14（b）所示。

② 参数（P）：指定椭圆弧端点的另一种方式，该方式同样是指定椭圆弧端点的角度，但通过以下矢量参数方程式创建椭圆弧。

$$p(u) = c + a \times \cos(u) + b \times \sin(u)$$

式中，c 为椭圆的中心点；a 和 b 分别为椭圆的长轴和短轴；u 为光标与椭圆中心点连线的夹角。

③ 夹角（I）：定义从起始角度开始的包含角度。

3.2.7 | 实例——绘制感应式仪表

下面绘制如图 3-15 所示的感应式仪表符号。

图 3-15　感应式仪表符号

STEP **绘制步骤**

❶ 单击"默认"选项卡"绘图"面板中的"椭圆"按钮⬭，命令行提示与操作如下。

```
命令：_ellipse
指定椭圆的轴端点或 [圆弧(A)/中心点(C)]：（适当指定一点为椭圆的轴端点）
指定轴的另一个端点：（在水平方向指定椭圆的轴的另一个端点）
指定另一条半轴长度或 [旋转(R)]：（适当指定一点，以确定椭圆另一条半轴的长度）
```

绘制结果如图 3-16 所示。

图 3-16　绘制椭圆

❷ 单击"默认"选项卡"绘图"面板中的"圆环"按钮◎，命令行提示与操作如下。

```
命令：_donut
指定圆环的内径 <0.5000>：0 ✓
指定圆环的外径 <1.0000>:150 ✓
指定圆环的中心点或 <退出>：（大约指定椭圆的圆心位置）
指定圆环的中心点或 <退出>：✓
```

绘制结果如图 3-17 所示。

图 3-17　绘制圆环

❸ 单击"默认"选项卡"绘图"面板中的"直线"按钮✐，在椭圆偏右位置绘制一条竖直直线，最终结果如图 3-15 所示。

> **注意** 在绘制圆环时，可能无法一次准确确定圆环外径大小，为确定圆环与椭圆的相对大小，可以通过多次绘制的方法找到一个相对合适的外径值。

3.3 平面图形命令

平面图形包括矩形和正多边形两种基本图形单元。本节学习这两种平面图形的相关命令和绘制方法。

3.3.1 矩形

执行方式

命令行：RECTANG（缩写名：REC）

菜单："绘图"→"矩形"

工具栏："绘图"→"矩形"▭

功能区：单击"默认"选项卡"绘图"面板中的"矩形"按钮▭

操作步骤

```
命令：RECTANG ✓
指定第一个角点或 [倒角(C)/标高(E)/圆角(F)/厚度(T)/宽度(W)]：
指定另一个角点或 [面积(A)/尺寸(D)/旋转(R)]：
```

选项说明

（1）第一个角点：通过指定两个角点确定矩形，如图 3-18（a）所示。

（2）倒角（C）：指定倒角距离，绘制带倒角的矩形，如图 3-18（b）所示，每一个角点的逆时针和顺时针方向的倒角可以相同，也可以不同，其中第一个倒角距离是指角点逆时针方向倒角距离，第二个倒角距离是指角点顺时针方向倒角距离。

（3）标高（E）：指定矩形标高（Z坐标），即把矩形画在标高为Z，并和XOY坐标面平行的平面上，作为后续矩形的标高值。

（4）圆角（F）：指定圆角半径，绘制带圆角的矩形，如图3-18（c）所示。

（5）厚度（T）：指定矩形的厚度，如图3-18（d）所示。

（6）宽度（W）：指定线宽，如图3-18（e）所示。

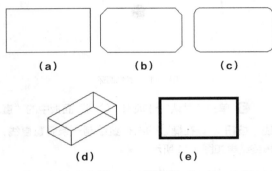

（a）　　　　（b）　　　　（c）

（d）　　　　　（e）

图3-18　绘制矩形

（7）尺寸（D）：使用长和宽创建矩形。第2个指定点将矩形定位在与第1角点相关的四个位置之一内。

（8）面积（A）：指定面积和长或宽创建矩形。选择该项，系统提示：

> 输入以当前单位计算的矩形面积 <20.0000>：（输入面积值）
> 计算矩形标注时依据 [长度(L)/宽度(W)] <长度>：（按Enter键或输入W）
> 输入矩形长度 <4.0000>：（指定长度或宽度）

指定长度或宽度后，系统自动计算另一个维度后绘制出矩形。如果矩形为倒角或圆角，则长度或宽度计算中会考虑此设置，如图3-19所示。

倒角距离（1,1），面积　　圆角半径为 1.0，面积
为20，长度为6　　　　　为20，宽度为6
图3-19　按面积绘制矩形

（9）旋转（R）：旋转所绘制的矩形的角度。选择该项，系统提示：

> 指定旋转角度或 [拾取点(P)] <135>：（指定角度）
> 指定另一个角点或 [面积(A)/尺寸(D)/旋转(R)]：（指定另一个角点或选择其他选项）

指定旋转角度后，系统按指定角度创建矩形，如图3-20所示。

图3-20　按指定旋转角度创建矩形

3.3.2 ┃ 实例——绘制缓慢吸合继电器线圈

下面绘制如图3-21所示的缓慢吸合继电器线圈。

扫一扫

图3-21　缓慢吸合继电器线圈

STEP 绘制步骤

❶ 单击"默认"选项卡"绘图"面板中的"矩形"按钮▭，绘制外框。命令行提示与操作如下。

> 命令：RECTANG↙
> 指定第一个角点或 [倒角(C)/标高(E)/圆角(F)/厚度(T)/宽度(W)]：（在屏幕适当处指定一点）
> 指定另一个角点或 [面积(A)/尺寸(D)/旋转(R)]：（在屏幕适当处指定另一点）

❷ 单击"默认"选项卡"绘图"面板中的"直线"按钮╱，绘制另外的图线，结果如图3-21所示。

3.3.3 ┃ 正多边形

执行方式

命令行：POLYGON

菜单："绘图"→"多边形"

工具栏："绘图"→"多边形" ⬠

功能区：单击"默认"选项卡"绘图"面板中的"多边形"按钮 ⬠

操作步骤

命令：POLYGON ✓
输入侧面数 <4>：（指定多边形的边数，默认值为 4）
指定正多边形的中心点或 [边 (E)]：（指定中心点）
输入选项 [内接于圆 (I)/外切于圆 (C)] <I>：（指定是内接于圆或外切于圆，I 表示内接，如图 3-22（a）所示，C 表示外切，如图 3-22（b）所示）
指定圆的半径：（指定外接圆或内切圆的半径）

选项说明

如果选择"边"选项，则只要指定多边形的一条边，系统就会按逆时针方向创建该正多边形，如图 3-22（c）所示。

（a） （b） （c）

图 3-22 画正多边形

3.4 高级绘图命令

除了前面介绍的一些绘图命令外，还有一些比较复杂的绘图命令，包括"图案填充"命令、"多段线"命令和"样条曲线"命令等。

3.4.1 图案填充的操作

执行方式

命令行：BHATCH
菜单："绘图"→"图案填充"
工具栏："绘图"→"图案填充" ▨ 或"绘图"→"渐变色" ▨
功能区：单击"默认"选项卡"绘图"面板中的"图案填充"按钮 ▨

操作步骤

命令：BHATCH ✓
执行上述命令后，系统打开如图 3-23 所示的选项卡，各选项组和按钮含义如下。

图 3-23 "图案填充创建"选项卡

选项说明

1."边界"面板

（1）拾取点：通过选择由一个或多个对象形成的封闭区域内的点，确定图案填充边界，如图 3-24 所示。指定内部点时，可以随时在绘图区域中单击鼠标右键以显示包含多个选项的快捷菜单。

（2）选择边界对象：指定基于选定对象的图案填充边界。使用该选项时，不会自动检测内部对象，必须选择选定边界内的对象，以按照当前孤岛检测样式填充这些对象，如图 3-25 所示。

选择一点　　填充区域　　填充结果

图 3-24 边界确定

原始图形　　选择边界对象　　填充结果

图 3-25 选择边界对象

（3）删除边界对象：从边界定义中删除之前添加的任何对象，如图 3-26 所示。

选择边界对象　　删除边界　　填充结果

图 3-26　删除"岛"后的边界

（4）重新创建边界：围绕选定的图案填充或填充对象创建多段线或面域，并使其与图案填充对象相关联（可选）。

（5）显示边界对象：选择构成选定关联图案填充对象的边界的对象，使用显示的夹点可修改图案填充边界。

（6）保留边界对象。

指定如何处理图案填充边界对象，选项包括：

① 不保留边界。（仅在图案填充创建期间可用）不创建独立的图案填充边界对象。

② 保留边界 - 多段线。（仅在图案填充创建期间可用）创建封闭图案填充对象的多段线。

③ 保留边界 - 面域。（仅在图案填充创建期间可用）创建封闭图案填充对象的面域对象。

④ 选择新边界集。指定对象的有限集（称为边界集），以便通过创建图案填充时的拾取点进行计算。

2．"图案"面板

显示所有预定义和自定义图案的预览图像。

3．"特性"面板

（1）图案填充类型：指定是使用纯色、渐变色、图案还是用户定义的填充。

（2）图案填充颜色：替代实体填充和填充图案的当前颜色。

（3）背景色：指定填充图案背景的颜色。

（4）图案填充透明度：设定新图案填充或填充的透明度，替代当前对象的透明度。

（5）图案填充角度：指定图案填充或填充的角度。

（6）填充图案比例：放大或缩小预定义或自定义填充图案 。

（7）相对图纸空间：（仅在布局中可用）相对于图纸空间单位缩放填充图案。使用此选项，可很容易地做到以适合于布局的比例显示填充图案。

（8）双向：（仅当"图案填充类型"设定为"用户定义"时可用）将绘制第二组直线，与原始直线成 90°角，从而构成交叉线。

（9）ISO 笔宽：（仅对于预定义的 ISO 图案可用）基于选定的笔宽缩放 ISO 图案。

4．"原点"面板

（1）设定原点：直接指定新的图案填充原点。

（2）左下：将图案填充原点设定在图案填充边界矩形范围的左下角。

（3）右下：将图案填充原点设定在图案填充边界矩形范围的右下角。

（4）左上：将图案填充原点设定在图案填充边界矩形范围的左上角。

（5）右上：将图案填充原点设定在图案填充边界矩形范围的右上角。

（6）中心：将图案填充原点设定在图案填充边界矩形范围的中心。

（7）使用当前原点：将图案填充原点设定在 HPORIGIN 系统变量中存储的默认位置。

（8）存储为默认原点：将新图案填充原点的值存储在 HPORIGIN 系统变量中。

5．"选项"面板

（1）关联：指定图案填充或填充为关联图案填充。关联的图案填充或填充在用户修改其边界对象时将会更新。

（2）注释性：指定图案填充为注释性。此特性会自动完成缩放注释过程，从而使注释能够以正确的大小在图纸上打印或显示。

（3）特性匹配。

① 使用当前原点：使用选定图案填充对象（除图案填充原点外）设定图案填充的特性。

② 使用源图案填充的原点：使用选定图案填充对象（包括图案填充原点）设定图案填充的特性。

（4）允许的间隙：设定将对象用作图案填充边界时可以忽略的最大间隙。默认值为 0，此值指定对象必须封闭区域而没有间隙。

（5）创建独立的图案填充：控制当指定了几个单独的闭合边界时，是创建单个图案填充对象，还是创建多个图案填充对象。

（6）孤岛检测。

① 普通孤岛检测：从外部边界向内填充。如果遇到内部孤岛，填充将关闭，直到遇到孤岛中的另一个孤岛。

② 外部孤岛检测：从外部边界向内填充。此选项仅填充指定的区域，不会影响内部孤岛。

③ 忽略孤岛检测：忽略所有内部的对象，填充图案时将通过这些对象。

（7）绘图次序：为图案填充或填充指定绘图次序。选项包括不更改、后置、前置、置于边界之后和置于边界之前。

6. "关闭"面板

关闭"图案填充创建"：退出 HATCH 并关闭上下文选项卡。也可以按 <Enter> 键或 <Esc> 键退出 HATCH。

3.4.2 | 编辑填充的图案

利用 HATCHEDIT 命令可以提示修改特定于图案填充的特性，例如现有图案填充或填充的图案、比例和角度。

执行方式

命令行：HATCHEDIT

菜单栏：选择菜单栏中的"修改"→"对象"→"图案填充"命令

工具栏：单击"修改 II"工具栏中的"编辑图案填充"按钮

功能区：单击"默认"选项卡"修改"面板中的"编辑图案填充"按钮

快捷菜单：选中填充的图案右击，在打开的快捷菜单中选择"图案填充编辑"命令（图 3-27）

图 3-27　快捷菜单

快捷方法：直接选择填充的图案，打开"图案填充编辑器"选项卡（图 3-28）

图 3-28　"图案填充编辑器"选项卡

3.4.3 | 实例——绘制壁龛交接箱

下面绘制如图 3-29 所示的壁龛交接箱符号。

图 3-29　壁龛交接箱符号

STEP 绘制步骤

❶ 单击"默认"选项卡"绘图"面板中的"矩形"按钮□和"直线"按钮✎，绘制初步图形，如图 3-30 所示。

图 3-30　绘制外形

图 3-31　"图案填充创建"选项卡

图 3-32　选取区域

3.4.4 │ 多段线

执行方式

命令行：PLINE

菜单："绘图"→"多段线"

工具栏："绘图"→"多段线"↩

功能区：单击"默认"选项卡"绘图"面板中的"多段线"按钮↩

操作步骤

命令：PLINE ✎
指定起点：（指定多段线的起始点）
当前线宽为 0.0000（提示当前多段线的宽度）
指定下一个点或 [圆弧 (A) / 半宽 (H) / 长度 (L) / 放弃 (U) / 宽度 (W)]：
指定下一点或 [圆弧 (A) / 闭合 (C) / 半宽 (H) / 长度 (L) / 放弃 (U) / 宽度 (W)]：

选项说明

（1）指定下一个点：确定另一端点，绘制一条直线段，是系统的默认项。

（2）圆弧：使系统变为绘制圆弧方式。选择了这一项后，系统会提示：

❷ 单击"默认"选项卡"绘图"面板中的"图案填充"按钮▨，打开"图案填充创建"选项卡，如图 3-31 所示，选择 SOLID 图案，单击填充区域，如图 3-32 所示。填充结果如图 3-29 所示。

指定圆弧的端点或 [角度 (A) / 圆心 (CE) / 闭合 (CL) / 方向 (D) / 半宽 (H) / 直线 (L) / 半径 (R) / 第二个点 (S) / 放弃 (U) / 宽度 (W)]：

① 圆弧的端点：绘制弧线段，此为系统的默认项。弧线段从多段线上一段的最后一点开始并与多段线相切。

② 角度（A）：指定弧线段从起点开始包含的角度。若输入的角度值为正值，则按逆时针方向绘制弧线段；反之，按顺时针方向绘制弧线段。

③ 圆心（CE）：指定所绘制弧线段的圆心。

④ 闭合（CL）：用一段弧线段封闭所绘制的多段线。

⑤ 方向（D）：指定弧线段的起始方向。

⑥ 半宽（H）：指定从宽多段线线段的中心到其一边的宽度。

⑦ 直线（L）：退出绘圆弧功能项并返回到PLINE 命令的初始提示信息状态。

⑧ 半径（R）：指定所绘制弧线段的半径。

⑨ 第二个点（S）：利用 3 点绘制圆弧。

⑩ 放弃（U）：撤销上一步操作。

⑪ 宽度（W）：指定下一条直线段的宽度。与"半宽"相似。

（3）闭合（C）：绘制一条直线段来封闭多段线。

（4）半宽（H）：指定从宽多段线线段的中心到其一边的宽度。

（5）长度（L）：在与前一线段相同的角度方向上绘制指定长度的直线段。

（6）放弃（U）：撤销上一步操作。

（7）宽度（W）：指定下一段多段线的宽度。

3.4.5 | 实例——绘制电流互感器

下面绘制图 3-33 所示的电流互感器符号。

图 3-33 电流互感器

扫一扫

绘制步骤

❶ 单击"默认"选项卡"绘图"面板中的"直线"按钮 ✏，绘制一条竖直直线。

❷ 单击"默认"选项卡"绘图"面板中的"多段线"按钮 ⤴，命令行提示与操作如下。

```
命令：_pline
指定起点：(在竖直直线右边适当位置指定一点)
当前线宽为 0.0000
指定下一个点或 [圆弧(A)/半宽(H)/长度(L)/放
弃(U)/宽度(W)]：(水平向左在竖直直线上指定点)
指定下一点或 [圆弧(A)/闭合(C)/半宽(H)/长
度(L)/放弃(U)/宽度(W)]：a↙
指定圆弧的端点 (按住 Ctrl 键以切换方向)或 [角
度(A)/圆心(CE)/闭合(CL)/方向(D)/半宽(H)/
直线(L)/半径(R)/第二个点(S) /放弃(U)/宽度
(W)]：(向下在竖直直线上指定一点)
指定圆弧的端点 (按住 Ctrl 键以切换方向)或 [角
度(A)/圆心(CE)/闭合(CL)/方向(D)/半宽(H)/
直线(L)/半径(R)/第二个点(S) /放弃(U)/宽度
(W)]：a↙
指定夹角：180 ↙
指定圆弧的端点 (按住 Ctrl 键以切换方向)或
[圆心(CE)/半径(R)]：(向下在竖直直线上指定一
点,使两个圆弧半径近似相等)
指定圆弧的端点 (按住 Ctrl 键以切换方向)或 [角
度(A)/圆心(CE)/闭合(CL)/方向(D)/半宽(H)/
直线(L)/半径(R)/第二个点(S) /放弃(U)/宽度
(W)]：l↙
指定下一点或 [圆弧(A)/闭合(C)/半宽(H)/长
度(L)/放弃(U)/宽度(W)]：(水平向右指定一点,
使上下水平线段大约等长)
指定下一点或 [圆弧(A)/闭合(C)/半宽(H)/长
度(L)/放弃(U)/宽度(W)]：↙
```

最终结果如图 3-33 所示。

3.4.6 | 样条曲线

AutoCAD 使用一种称为非一致有理 B 样条（NURBS）曲线的特殊样条曲线类型。NURBS 曲线在控制点之间产生一条光滑的曲线，如图 3-34 所示。样条曲线可用于创建形状不规则的曲线，如为地理信息系统（GIS）应用或汽车设计绘制轮廓线。

图 3-34 样条曲线

执行方式

命令行：SPLINE

菜单："绘图"→"样条曲线"

工具栏："绘图"→"样条曲线" ∿

功能区：单击"默认"选项卡"绘图"面板中的"样条曲线拟合"按钮 ∿ 或"样条曲线控制点"按钮 ∿

操作步骤

```
命令：SPLINE ↙
当前设置：方式=拟合 节点=弦
指定第一个点或 [方式(M)/节点(K)/对象(O)]：
(指定一点)
输入下一个点或 [起点切向(T)/公差(L)]：(指
定下一点)
输入下一个点或 [端点相切(T)/公差(L)/放弃
(U)/闭合(C)]：c
指定切向：(指定切线方向)
```

选项说明

（1）方式（M）：控制是使用拟合点还是使用控制点来创建样条曲线。选项会因您选择的是使用拟合点创建样条曲线的选项还是使用控制点创建样条曲线的选项而异。

（2）节点（K）：指定节点参数化，它会影响曲线在通过拟合点时的形状。

（3）对象（O）：将二维或三维的二次或三次样条曲线拟合多段线转换为等价的样条曲线，然后（根据 DELOBJ 系统变量的设置）删除该多段线。

（4）起点切向（T）：定义样条曲线的第一点和最后一点的切向。如果在样条曲线的两端都指定切向，可以输入一个点或使用"切点"和"垂足"对象捕捉模式使样条曲线与已有的对象相切或垂直。如果按 Enter 键，系统将计算默认切向。

（5）端点相切（T）：停止基于切向创建曲线。可通过指定拟合点继续创建样条曲线。

（6）公差（L）：指定距样条曲线必须经过的指定拟合点的距离。公差应用于除起点和端点外的所有拟合点。

（7）闭合（C）：将最后一点定义与第一点一致，并使其在连接处相切，以闭合样条曲线。选择该项，命令行提示如下。

```
指定切向：指定点或按 <Enter> 键
```

如果在样条曲线的两端都指定切向，可以通过输入一个点或者使用"切点"和"垂足"对象来捕捉模式使样条曲线与已有的对象相切或垂直。如果按 Enter 键，AutoCAD 将计算默认切向。

3.4.7 实例——绘制整流器

下面绘制如图 3-35 所示的整流器框形符号。

图 3-35　整流器框形符号

STEP 绘制步骤

❶ 单击"默认"选项卡"绘图"面板中的"多边形"按钮 ⬡，命令行提示与操作如下。

```
命令：_polygon
输入侧面数 <4>：✓
指定正多边形的中心点或 [边 (E)]：（在绘图屏幕适当指定一点）
输入选项 [内接于圆 (I) / 外切于圆 (C)] <I>：✓
指定圆的半径：（适当指定一点作为外接圆半径，使
```

正四边形边大约处于垂直正交位置，如图 3-36 所示）

图 3-36　绘制正四边形

❷ 单击"默认"选项卡"绘图"面板中的"直线"按钮 ╱，绘制 3 条直线，并将其中一条直线设置为虚线，如图 3-37 所示。

图 3-37　绘制直线

❸ 单击"默认"选项卡"绘图"面板中的"样条曲线拟合"按钮 ～，命令行提示与操作如下。

```
命令：_spline
指定第一个点或 [方式(M)/节点(K)/对象(O)]：（适当指定一点）
输入下一点或 [起点切向(T)/公差(L)]：（适当指定一点）
输入下一个点或 [端点相切(T)/公差(L)/放弃(U)]：（适当指定一点）
输入下一个点或 [端点相切(T)/公差(L)/放弃(U)/闭合(C)]：（适当指定一点）
输入下一个点或 [端点相切(T)/公差(L)/放弃(U)/闭合(C)]：✓
```

最终结果如图 3-35 所示。

3.4.8 多线

多线是一种复合线，由连续的直线段复合组成。这种线的一个突出的优点是能够提高绘图效率，保证图线之间的统一性。

1. 绘制多线

执行方式

命令行：MLINE

菜单："绘图"→"多线"

操作步骤

命令：MLINE ↙
当前设置：对正 ＝ 上，比例 ＝ 20.00，样式 ＝
STANDARD
指定起点或 [对正(J)/比例(S)/样式(ST)]：（指
定起点）
指定下一点：（给定下一点）
指定下一点或 [放弃(U)]：（继续指定下一点绘制线
段。输入U则放弃前一段的绘制；单击鼠标右键或按
Enter键，结束命令）
指定下一点或 [闭合(C)/放弃(U)]：（继续指定
下一点绘制线段。输入C则闭合线段，结束命令）

选项说明

（1）对正（J）。

该项用于给定绘制多线的基准。共有 3 种对正
类型"上""无"和"下"。其中，"上（T）"表示
以多线上侧的线为基准，依次类推。

（2）比例（S）。

选择该项，要求用户设置平行线的间距。输入
值为零时平行线重合，值为负时多线的排列倒置。

（3）样式（ST）。

该项用于设置当前使用的多线样式。

2. 定义多线样式

执行方式

命令行：MLSTYLE
菜单："格式"→"多线样式"

操作步骤

命令：MLSTYLE ↙
执行上述命令后，打开如图 3-38 所示的"多线

图 3-38 "多线样式"对话框

样式"对话框。在该对话框中，用户可以对多线样
式进行定义、保存和加载等操作。

3. 编辑多线

执行方式

命令行：MLEDIT
菜单："修改"→"对象"→"多线"

操作步骤

命令：MLEDIT ↙
执行上述命令后，打开"多线编辑工具"对话
框，如图 3-39 所示。

图 3-39 "多线编辑工具"对话框

利用该对话框，可以创建或修改多线的模式。
对话框中分 4 列显示了示例图形。其中，第 1 列管
理十字交叉形式的多线，第 2 列管理 T 形多线，第
3 列管理拐角接合点和节点，第 4 列管理多线被剪
切或连接的形式。

单击选择某个示例图形，就可以利用该项编辑
功能。

3.4.9 | 实例——绘制多线

下面绘制如图 3-40 所示的多线。

扫一扫

图 3-40 绘制的多线

定义的多线样式由 3 条平行线组成，中心轴线为紫色的中心线，其余两条平行线为黑色实线，相对于中心轴线上、下各偏移 0.5。

STEP 绘制步骤

❶ 选择菜单栏中的"格式"→"多线样式"命令，打开"多线样式"对话框，单击"新建"按钮，系统打开"创建新的多线样式"对话框，如图 3-41 所示。

图 3-41 "创建新的多线样式"对话框

❷ 在"创建新的多线样式"对话框的"新样式名"文本框中键入"THREE"，单击"继续"按钮。系统打开"新建多线样式：THREE"对话框，如图 3-42 所示。

❸ 在"封口"选项组中可以设置多线起点和端点的特性，包括直线、外弧、内弧封口、封口线段或圆弧的角度。

❹ 在"填充颜色"下拉列表框中可以选择多线填充的颜色。

图 3-42 "新建多线样式：THREE"对话框

❺ 在"图元"选项组中可以设置组成多线的元素的特性。单击"添加"按钮，可以为多线添加元素；反之，单击"删除"按钮，可以为多线删除元素。在"偏移"文本框中可以设置选中的元素的位置偏移值。在"颜色"下拉列表框中可以为所选元素选择颜色。按"线型"按钮，可以为所选元素设置线型。

❻ 设置完毕后，单击"确定"按钮，系统返回如图 3-38 所示的"多线样式"对话框，在"样式"列表中会显示刚设置的多线样式名，选择该样式，单击"置为当前"按钮，则将刚设置的多线样式设置为当前样式，下面的预览框中会显示当前多线样式。

❼ 单击"确定"按钮，完成多线样式设置。

3.5 综合实例——绘制简单的振荡回路

本实例绘制简单的振荡回路，如图 3-43 所示。先绘制电感，从而确定整个回路以及电气符号的大体尺寸和位置。然后绘制一侧导线，再绘制电容符号，最后绘制剩余导线。绘制过程中要用到"直线""圆弧""多段线"等命令。

扫一扫

图 3-43 简单的振荡回路

STEP 绘制步骤

❶ 单击"默认"选项卡"绘图"面板中的"多

段线"按钮，绘制电感符号及其相连导线，命令行提示与操作如下。

```
命令：_pline
指定起点：(适当指定一点)
当前线宽为 0.0000
指定下一个点或 [圆弧(A)/半宽(H)/长度(L)/
放弃(U)/宽度(W)]：(水平向右指定一点)
指定下一点或 [圆弧(A)/闭合(C)/半宽(H)/长
度(L)/放弃(U)/宽度(W)]：a✓
```

指定圆弧的端点（按住 Ctrl 键以切换方向）或
[角度 (A) /圆心 (CE) /闭合 (CL) /方向 (D) /半宽
(H) /直线 (L) /半径 (R) /第二个点 (S) /放弃 (U) /
宽度 (W)]：a✓
指定夹角：-180✓
指定圆弧的端点（按住 Ctrl 键以切换方向）或
[圆心 (CE) /半径 (R)]：(向右与左边直线大约处于
水平位置处指定一点)
指定圆弧的端点（按住 Ctrl 键以切换方向）或
[角度 (A) /圆心 (CE) /闭合 (CL) /方向 (D) /半宽
(H) /直线 (L) /半径 (R) /第二个点 (S) /放弃 (U) /
宽度 (W)]：d✓
指定圆弧的起点切向：(竖直向上指定一点)
指定圆弧的端点（按住 Ctrl 键以切换方向）：(向
右与左边直线大约处于水平位置处指定一点，使此圆
弧与前面圆弧半径大约相等)
指定圆弧的端点（按住 Ctrl 键以切换方向）或
[角度 (A) /圆心 (CE) /闭合 (CL) /方向 (D) /半宽
(H) /直线 (L) /半径 (R) /第二个点 (S) /放弃 (U) /
宽度 (W)]：✓
结果如图 3-44 所示。

图 3-44　绘制电感及其导线

❷ 单击"默认"选项卡"绘图"面板中的"圆
弧"按钮，完成电感符号绘制，命令行提示与操
作如下。

命令：_arc
指定圆弧的起点或 [圆心 (C)]：(指定多段线终点
为起点)
指定圆弧的第二个点或 [圆心 (C) /端点 (E)]：e✓
指定圆弧的端点：(水平向右指定一点，与第一点距
离及多段线圆弧直径大致相等)
指定圆弧的中心点（按住 Ctrl 键以切换方向）或
[角度 (A) /方向 (D) /半径 (R)]：d✓
指定圆弧起点的相切方向（按住 Ctrl 键以切换方
向）：(竖直向上指定一点)

同理，再次绘制一个圆弧，结果如图 3-45 所示。

图 3-45　完成电感符号绘制

❸ 单击"默认"选项卡"绘图"面板中的"直
线"按钮，绘制导线。以圆弧终点为起点绘制正
交联系直线，如图 3-46 所示。

图 3-46　绘制导线

❹ 单击"默认"选项卡"绘图"面板中的"直
线"按钮，绘制电容符号。电容符号为两条平行
等长的竖线，使右边竖线的中点为刚绘制的导线端
点，如图 3-47 所示。

图 3-47　绘制电容

❺ 单击"默认"选项卡"绘图"面板中的"直
线"按钮，绘制连续正交直线，完成其他导线绘
制，使直线的起点为电容符号的左边竖线中点，终
点为与电感符号相连的导线直线左端点，最终结果
如图 3-43 所示。

 注意　由于所绘制的直线、多段线和圆弧都
是首尾相连或水平对齐，所以要求读
者在指定相应点时要细心。初学读者操作起来
可能比较麻烦，在后面章节学习了精确绘图的
相关知识后就很简单了。

3.6　上机实验

【实验 1】绘制自耦变压器

1. 目的要求

绘制如图 3-48 所示的自耦变压器。

图 3-48　自耦变压器

2．操作提示

（1）单击"默认"选项卡"绘图"面板中的"圆"按钮⊘，绘制中间圆。

（2）单击"默认"选项卡"绘图"面板中的"直线"按钮／，绘制两条竖直直线。

（3）单击"默认"选项卡"绘图"面板中的"圆弧"按钮／，绘制连接弧。

【实验 2】绘制暗装开关符号

1．目的要求

绘制如图 3-49 所示的暗装开关符号。

图 3-49　暗装开关符号

2．操作提示

（1）单击"默认"选项卡"绘图"面板中的"圆弧"按钮／，绘制多半个圆弧。

（2）单击"默认"选项卡"绘图"面板中的"直线"按钮／，绘制水平和竖直直线，其中一条水平直线的两个端点都在圆弧上。

（3）单击"默认"选项卡"绘图"面板中的"图案填充"按钮▨，填充圆弧与水平直线之间的区域。

【实验 3】绘制水下线路符号

1．目的要求

绘制如图 3-50 所示的水下线路符号。

图 3-50　水下线路符号

2．操作提示

（1）单击"默认"选项卡"绘图"面板中的"直线"按钮／，绘制水平导线。

（2）单击"默认"选项卡"绘图"面板中的"多段线"按钮⟲，绘制水下示意符号。

3.7　思考与练习

1．选择连线题

（1）将下面的命令与其命令名进行连线。

直线段	XLINE
构造线	RAY
射线	LINE
多线	PLINE
多段线	MLINE

（2）下面的命令能绘制出线段或类线段图形的有（　　）。

A．LINE　　　　　　B．MLINE　　　　　　C．ARC　　　　　　D．PLINE

2．问答题

（1）请写出 10 种以上绘制圆弧的方法。

（2）可以用圆弧与直线取代多段线吗？

3．操作题

（1）绘制如图 3-51 所示的蜂鸣器符号。

图 3-51　蜂鸣器符号

（2）绘制如图 3-52 所示的配电箱符号。

图 3-52　配电箱符号

第 4 章

基本绘图工具

AutoCAD 提供了图层工具，规定每个图层的颜色和线型，并把具有相同特征的图形对象放在同一层上绘制，这样绘图时不用分别设置对象的线型和颜色，不仅方便绘图，而且存储图形时只需存储其几何数据和所在图层，因而既节省了存储空间，又可以提高工作效率。为了快捷准确地绘制图形，AutoCAD 还提供了多种必要的辅助绘图工具，如工具条、对象选择工具、对象捕捉工具、栅格和正交模式等。利用这些工具，可以方便、迅速、准确地实现图形的绘制和编辑，不仅可提高工作效率，而且能更好地保证图形的质量。

重点与难点

- ➲ 图层设计
- ➲ 精确定位和对象捕捉工具
- ➲ 缩放与平移

4.1 图层设计

图层的概念类似投影片，将不同属性的对象分别画在不同的投影片（图层）上，例如，将图形的主要线段、中心线、尺寸标注等分别画在不同的图层上，每个图层可设定不同的线型、线条颜色，然后把不同的图层堆栈在一起，成为一张完整的视图，这样可使视图层次分明有条理，方便对图形对象的编辑与管理。一个完整的图形就是它所包含的所有图层上的对象叠加在一起而构成的，如图 4-1 所示。

在用图层功能绘图之前，首先要对图层的各项特性进行设置，包括建立和命名图层、设置当前图层、设置图层的颜色和线型、设置图层是否关闭、是否冻结、是否锁定以及删除图层等。本节主要对图层的这些相关操作进行介绍。

图 4-1 图层效果

4.1.1 设置图层

AutoCAD 2018 提供了详细直观的"图层特性管理器"对话框，用户可以方便地通过对该对话框中的各选项及其二级对话框进行设置，从而完成建立新图层、设置图层颜色及线型等各种操作。

执行方式

命令行：LAYER

菜单："格式"→"图层"

工具栏："图层"→"图层特性管理器"

功能区：单击"默认"选项卡"图层"面板中的"图层特性"按钮或单击"视图"选项卡"选项板"面板中的"图层特性"按钮

操作步骤

命令：LAYER ↙

执行上述命令后，系统打开如图 4-2 所示的"图层特性管理器"对话框。

图 4-2 "图层特性管理器"对话框

选项说明

（1）"新建特性过滤器"按钮：显示"图层过滤器特性"对话框，如图 4-3 所示。从中可以基于一个或多个图层特性创建图层过滤器。

图 4-3 "图层过滤器特性"对话框

（2）"新建组过滤器"按钮：创建一个图层过滤器，其中包含用户选定并添加到该过滤器的图层。

（3）"图层状态管理器"按钮：显示"图层状态管理器"对话框，如图 4-4 所示。从中可以将图层的当前特性设置保存到命名图层状态中，以后可以再恢复这些设置。

（4）"新建图层"按钮：建立新图层。单击此按钮，图层列表中出现一个新的图层名字"图层1"，用户可使用此名字，也可改名。要想同时产生多个图层，可选中一个图层名后，输入多个名字，各名字之间以逗号分隔。图层的名字可以包含字母、数字、空格和特殊符号，AutoCAD 2018 支持长达

255 个字符的图层名字。新的图层继承了建立新图层时所选中的已有图层的所有特性（颜色、线型和 ON/OFF 状态等），如果新建图层时没有图层被选中，则新图层具有默认的设置。

图 4-4　"图层状态管理器"对话框

（5）"所有视口中已冻结的新图层视口"按钮：创建新图层，然后在所有现有布局视口中将其冻结。可以在"模型"选项卡或"布局"选项卡上访问此按钮。

（6）"删除图层"按钮：删除所选层。在图层列表中选中某一图层，然后单击此按钮，则把该层删除。

（7）"置为当前"按钮：设置为当前图层。

在图层列表中选中某一图层，然后单击此按钮，则把该层设置为当前层，并在对话框左上角"当前图层"一栏中显示其名字。当前层的名字存储在系统变量 CLAYER 中。另外，双击图层名也可把该层设置为当前层。

（8）"搜索图层"文本框：输入字符时，按名称快速过滤图层列表。关闭图层特性管理器时并不保存此过滤器。

（9）"反转过滤器"复选框：选中此复选框，显示所有不满足选定图层特性过滤器中条件的图层。

（10）图层列表区：显示已有的图层及其特性。要修改某一图层的某一特性，单击它所对应的图标即可。右击空白区域或利用快捷菜单可快速选中所有图层。列表区中各列的含义如下所示。

① 名称：显示满足条件的图层的名字。如果要对某层进行修改，首先要选中该图层，使其逆反显示。

② 状态转换图标：在"图层特性管理器"窗口的图层列表区，每个图层分别有一列图标，移动指针到图标上单击鼠标左键可以打开或关闭该图标所代表的功能，或从详细数据区中勾选或取消勾选"打开 / 关闭"（ 💡 / 💡 ）、"解锁 / 锁定"（ 🔓 / 🔒 ）、"解冻 / 冻结"（ ☀ / ❄ ）及"打印 / 不打印"（ 🖨 / 🖨 ）等项目，各图标功能说明如表 4-1 所示。

表 4-1　各图标功能

图示	名称	功能说明
💡 / 💡	打开 / 关闭	将图层设定为打开或关闭状态，当呈现关闭状态时，该图层上的所有对象将隐藏不显示，只有打开状态的图层会在屏幕上显示或由打印机打印出来。因此，绘制复杂的视图时，先将不编辑的图层暂时关闭，可降低图形的复杂性。图 4-5（a）和图 4-5（b）分别表示文字标注图层为打开和关闭的情形 （a）打开　　　（b）关闭 **图 4-5　打开或关闭文字标注图层**
☀ / ❄	解冻 / 冻结	将图层设定为解冻或冻结状态。当图层呈现冻结状态时，该图层上的对象均不会显示在屏幕或由打印机打出，而且不会执行"重生成"（REGEN）、"缩放"（ZOOM）、"平移"（PAN）等命令的操作，因此若将视图中不编辑的图层暂时冻结，可加快执行绘图的速度。而 💡 / 💡（打开 / 关闭）功能只是单纯将对象隐藏，并不会加快执行速度

图示	名称	功能说明
🔓 / 🔒	解锁／锁定	将图层设定为解锁或锁定状态。被锁定的图层，仍然显示在画面上，但不能用编辑命令进行修改，此时只能绘制新的对象，如此可防止重要的图形被修改
🖨 /	打印／不打印	设定该图层是否是可以打印图形

③ 颜色。显示和改变图层的颜色。如果要改变某一层的颜色，单击其对应的颜色图标，AutoCAD 打开如图 4-6 所示的"选择颜色"对话框，用户可从中选择需要的颜色。

图 4-6 "选择颜色"对话框

④ 线型：显示和修改图层的线型。如果要修改某一层的线型，单击该层的"线型"项，打开"选择线型"对话框，如图 4-7 所示，其中列出了当前可用的线型，用户可从中选取。

图 4-7 "选择线型"对话框

⑤ 线宽：显示和修改图层的线宽。如果要修改某一层的线宽，单击该层的"线宽"项，打开"线宽"对话框，如图 4-8 所示，其中列出了 AutoCAD 设定的线宽，用户可从中选取。其中"线宽"列表框显示可以选用的线宽值，包括一些绘图中经常用到的线宽，用户可从中选择需要的线宽。"旧的"显示行显示前面赋予图层的线宽。当建立一个新图层时，采用默认线宽（其值为 0.01in，即 0.25mm），默认线宽的值由系统变量 LWDEFAULT 设置。"新的"显示行显示赋予图层的新的线宽。

图 4-8 "线宽"对话框

⑥ 打印样式：修改图层的打印样式，所谓打印样式是指打印图形时各项属性的设置。

AutoCAD 提供了一个"特性"面板，如图 4-9 所示。用户可以利用面板下拉列表框中的选项，快速地查看和改变所选对象的图层、颜色、线型和线宽特性。"特性"面板上的图层颜色、线型、线宽和打印样式的控制增强了察看和编辑对象属性的命令。在绘图屏幕上选择的任何对象都将在工具栏上自动显示它所在图层、颜色、线型等属性。下面对"特性"面板各部分的功能进行介绍。

（1）"颜色控制"下拉列表框：单击右侧的下拉箭头，打开下拉列表，用户可从中选择合适的当前颜色，如果选择"选择颜色"选项，AutoCAD 会打开"选择颜色"对话框以选择其他颜色。修改当前颜色之后，不论在哪个图层上绘图都采用这种颜色，但对各个图层的颜色设置没有影响。

图4-9 "特性"面板

（2）"线型控制"下拉列表框：单击右侧的下拉箭头，打开下拉列表，用户可从中选择某一线型使之成为当前线型。修改当前线型之后，不论在哪个图层上绘图都采用这种线型，但对各个图层的线型设置没有影响。

（3）"线宽"下拉列表框：单击右侧的下拉箭头，打开下拉列表，用户可从中选择一个线宽使之成为

当前线宽。修改当前线宽之后，不论在哪个图层上绘图，都采用这种线宽，但对各个图层的线宽设置没有影响。

（4）"打印类型控制"下拉列表框：单击右侧的向下箭头，弹出一下拉列表，用户可从中选择一种打印样式使之成为当前打印样式。

4.1.2 图层的线型

在国家标准 GB/T 4457.4—2002 中，对机械图样中使用的各种图线的名称、线型、线宽以及在图样中的应用都作了规定，如表 4-2 所示，其中常用的图线有 4 种，即粗实线、细实线、虚线、细点画线。图线分为粗、细两种，粗的线宽（b）应按图样的大小和图形的复杂程度，在 0.5 ~ 2mm 之间选择，细线的线宽约为 $b/3$。根据电气图的需要，一般只使用 4 种图线，如表 4-3 所示。

表 4-2　图线的型号及应用

图线名称	线型	线宽	主要用途
粗实线	——	b=0.5 ~ 2	可见轮廓线，可见过渡线
细实线	——	约 $b/2$	尺寸线、尺寸界线、剖面线、引出线、弯折线、牙底线、齿根线、辅助线等
细点画线	—·—·—	约 $b/2$	轴线、对称中心线、齿轮节线等
虚线	-----	约 $b/2$	不可见轮廓线、不可见过渡线
波浪线	～～	约 $b/2$	断裂处的边界线、剖视与视图的分界线
双折线	—／∨——	约 $b/2$	断裂处的边界线
粗点画线	■—■—■	b	有特殊要求的线或面的表示线
双点画线	—··—	约 $b/2$	相邻辅助零件的轮廓线、极限位置的轮廓线、假想投影的轮廓线

表 4-3　电气图用图线的形式及应用

图线名称	线型	线宽	主要用途
实线	——	约 $b/2$	基本线、简图主要内容用线、可见轮廓线、可见导线
点画线	—·—·—	约 $b/2$	分界线、结构图框线、功能图框线、分组图框线
虚线	-----	约 $b/2$	辅助线、屏蔽线、机械连接线、不可见轮廓线、不可见导线、计划扩展内容用线
双点画线	—··—	约 $b/2$	辅助图框线

按照 4.1.1 节讲述方法，打开"图层特性管理器"对话框，在图层列表的"线型"项下单击线型名，系统打开"选择线型"对话框，如图 4-7 所示。对话框中选项含义如下所示。

（1）"已加载的线型"列表框：显示在当前绘图中加载的线型，可供用户选用，其右侧显示出线型的形式。

（2）"加载"按钮：单击此按钮，打开"加载或重载线型"对话框，如图 4-10 所示。用户可通过此对话框加载线型并把它添加到线型列表中，不过加载的线型必须在线型库（LIN）文件中定义过。标准线型都保存在 acad.lin 文件中。

图 4-10 "加载或重载线型"对话框

设置图层线型的方法如下。

命令行：LINETYPE

在命令行输入上述命令后，系统打开"线型管理器"对话框，如图 4-11 所示。该对话框与前面讲述的相关知识相同，不再赘述。

图 4-11 "线型管理器"对话框

4.1.3 颜色的设置

AutoCAD 绘制的图形对象都具有一定的颜色，为使绘制的图形清晰明了，可把同一类的图形对象用相同的颜色绘制，而使不同类的对象具有不同的颜色以示区分。为此，需要适当地对颜色进行设置。AutoCAD 允许用户为图层设置颜色，为新建的图形对象设置当前颜色，还可以改变已有图形对象的颜色。

执行方式

命令行：COLOR
菜单："格式"→"颜色"

操作步骤

命令：COLOR ✓

执行上述命令后，AutoCAD 打开图 4-6 所示的"选择颜色"对话框。也可在图层操作中打开此对话框。

选项说明

（1）"索引颜色"选项卡。

打开此选项卡，可以在系统所提供的 255 色索引表中选择所需要的颜色，如图 4-6 所示。

①"AutoCAD 颜色索引"列表框。依次列出了 255 种索引色。可在此选择所需要的颜色。

②"颜色"文本框。所选择的颜色的代号值显示在"颜色"文本框中，也可以直接在该文本框中输入自己设定的代号值来选择颜色。

③"ByLayer"和"ByBlock"按钮。单击这两个按钮，颜色分别按图层和图块设置。这两个按钮只有在设定了图层颜色和图块颜色后才可以使用。

（2）"真彩色"选项卡。

打开此选项卡，可以选择需要的任意颜色，如图 4-12 所示。用户可以拖动调色板中的颜色指示光标和"亮度"滑块选择颜色及其亮度。也可以通过"色调""饱和度"和"亮度"微调按钮来选择需要的颜色。所选择的颜色的红、绿、蓝值显示在下面的"颜色"文本框中，也可以直接在该文本框中输入自己设定的红、绿、蓝值来选择颜色。

在此选项卡的右边，有一个"颜色模式"下拉列表框，默认的颜色模式为 HSL 模式。如果选择 RGB 模式，则如图 4-13 所示。在该模式下选择颜色方式与在 HSL 模式下类似。

图 4-12 "真彩色"选项卡

图 4-13 RGB 模式

（3）"配色系统"选项卡。

打开此选项卡，可以从标准配色系统（比如Pantone）中选择预定义的颜色。如图 4-14 所示。可以在"配色系统"下拉列表框中选择需要的系统，然后拖动右边的滑块来选择具体的颜色，所选择的颜色编号显示在下面的"颜色"文本框中，也可以直接在该文本框中输入编号值来选择颜色。

图 4-14 "配色系统"选项卡

4.1.4 实例——绘制励磁发电机

下面利用"图层"命令绘制如图 4-15 所示的励磁发电机图形。

图 4-15 励磁发电机图形

STEP 绘制步骤

❶ 单击"默认"选项卡"图层"面板中的"图层特性"按钮，打开"图层特性管理器"对话框。

❷ 单击"新建"按钮创建一个新层，把该层的名字由默认的"图层 1"改为"实线"，如图 4-16 所示。

图 4-16 更改图层名

❸ 单击"实线"层对应的"线宽"项，打开"线宽"对话框，选择 0.09 mm 线宽，如图 4-17 所示，确认后退出。

图 4-17 选择线宽

❹ 单击"新建"按钮创建一个新层,把该层的名字命名为"虚线"。

❺ 单击"虚线"层对应的"颜色"项,打开如图 4-18 所示的"选择颜色"对话框,选择蓝色为该层颜色,确认后返回"图层特性管理器"对话框。

图 4-18　选择颜色

❻ 单击"虚线"层对应"线型"项,打开"选择线型"对话框,如图 4-19 所示。

图 4-19　选择线型

❼ 在"选择线型"对话框中,单击"加载"按钮,系统打开"加载或重载线型"对话框,选择 ACAD_ISO02W100 线型,如图 4-20 所示。确认退出。

图 4-20　加载新线型

❽ 用与步骤❻同样的方法将"虚线"层的线宽设置为 0.09 mm。

❾ 用相同的方法再建立新层,命名为"文字"。"文字"层的颜色设置为红色,线型为 Continuous。并且让 3 个图层均处于打开、解冻和解锁状态,各项设置如图 4-21 所示。

图 4-21　设置图层

❿ 选中"实线"层,单击"置为当前"按钮，将其设置为当前层,然后关闭"图层特性管理器"对话框。

⓫ 在当前"实线"层上利用"直线"命令、"圆"命令、"多段线"命令绘制一系列图线,如图 4-22 所示。

图 4-22　绘制实线

⓬ 单击"图层"工具栏中"图层"下拉列表的下三角按钮,将"虚线"层设置为当前层,并在两个圆之间绘制一条水平连线,如图 4-23 所示。

图 4-23　绘制虚线

⓭ 将当前层设置为"文字"层,并在"文字"层上输入文字。

执行结果如图 4-15 所示。

> **注意**
>
> 有时绘制出的虚线在计算机屏幕上显示仍然是实线，这是由于显示比例过小所致，放大图形后可以显示出虚线。如果要在当前图形大小下明确显示出虚线，可以单击鼠标左键选择该虚线，这时，该虚线显示被选中状态，再次双击鼠标，系统打开"特性"工具板，该工具板中包含对象的各种参数，可以将其中的"线型比例"参数设置成比较大的数值，如图 4-24 所示。这样就可以在正常图形显示状态下清晰地看见虚线的细线段和间隔。"特性"工具板非常方便，读者可灵活使用。

图 4-24　修改虚线参数

4.2　精确定位工具

精确定位工具是指能够帮助用户快速准确地定位某些特殊点（如端点、中点、圆心等）和特殊位置（如水平位置、垂直位置）的工具。

精确定位工具主要集中在状态栏上，图 4-25 所示为状态栏下显示的部分按钮。

图 4-25　状态栏

4.2.1 | 捕捉工具

为了准确地在屏幕上捕捉点，AutoCAD 提供了捕捉工具，可以在屏幕上生成一个隐含的栅格（捕捉栅格），这个栅格能够捕捉光标，约束它只能落在栅格的某一个节点上，使用户能够更精确地捕捉和选择这个栅格上的点。本节介绍捕捉栅格的参数设置方法。

执行方式

菜单："工具"→"绘图设置"

状态栏：▦（仅限于打开与关闭）

快捷键：F9（仅限于打开与关闭）

命令行：dsettings

操作步骤

执行上述命令后，打开"草图设置"对话框，切换到"捕捉和栅格"选项卡下，如图 4-26 所示。

图 4-26 "草图设置"对话框

（1）"启用捕捉"复选框：控制捕捉功能的开关，与 F9 键或状态栏上的"捕捉模式"功能相同。

（2）"捕捉间距"选项组：设置捕捉各参数。其中"捕捉 X 轴间距"与"捕捉 Y 轴间距"确定捕捉栅格点在水平和垂直两个方向上的间距。

（3）"捕捉类型"选项组：确定捕捉类型。包括"栅格捕捉""矩形捕捉"和"等轴测捕捉"3 种方式。栅格捕捉是指按正交位置捕捉位置点。在"矩形捕捉"方式下捕捉栅格是标准的矩形，在"等轴测捕捉"方式下捕捉栅格和光标十字线不再互相垂直，而是成绘制等轴测图时的特定角度，这种方式下，再绘制等轴测图时十分方便。

（4）"极轴间距"选项组：该选项组只有在"极轴捕捉"类型下才可用。可在"极轴距离"文本框中输入距离值。也可以通过命令行执行命令 SNAP 设置捕捉有关参数。

（5）"栅格样式"选项组：在二维上下文中设定栅格样式。

（6）"栅格间距"选项组：控制栅格的显示，有助于直观显示距离。

（7）"栅格行为"选项组：控制将 GRIDSTYLE 设定为 0 时，所显示栅格线的外观。

4.2.2 栅格工具

用户可以应用显示栅格工具使绘图区域上出现可见的网格，它是一个形象的画图工具，就像传统的坐标纸一样。本节介绍控制栅格的显示及设置栅格参数的方法。

菜单："工具"→"绘图设置"

状态栏：▦（仅限于打开与关闭）

快捷键：F7（仅限于打开与关闭））

执行上述命令后，打开"草图设置"对话框，切换到"捕捉和栅格"选项卡下，如图 4-26 所示。利用图 4-26 所示的"草图设置"对话框中的"捕捉和栅格"选项卡来设置，其中的"启用栅格"复选框控制是否显示栅格。"栅格 X 轴间距"和"栅格 Y 轴间距"文本框用来设置栅格在水平与垂直方向的间距，如果"栅格 X 轴间距"和"栅格 Y 轴间距"设置为 0，则 AutoCAD 会自动捕捉栅格间距，并应用于栅格，且其原点和角度总是和捕捉栅格的原点和角度相同。还可以通过 GRID 命令在命令行设置栅格间距。

4.2.3 正交模式

在 AutoCAD 绘图过程中，经常需要绘制水平直线和垂直直线，但是用鼠标拾取线段的端点时很难保证两个点严格沿水平或垂直方向，为此，AutoCAD 提供了正交功能，当启用正交模式时，画线或移动对象时只能沿水平方向或垂直方向移动光标，因此只能画平行于坐标轴的正交线段。

命令行：ORTHO

状态栏：📐

快捷键：F8

命令：ORTHO ✓
输入模式 [开 (ON) / 关 (OFF)] ＜开＞：（设置开或关）

4.3 对象捕捉工具

在利用 AutoCAD 画图时经常要用到一些特殊的点，如圆心、切点、线段/圆弧的端点等，但用鼠标拾取时，要准确地找到这些点是十分困难的。为此，AutoCAD 提供了对象捕捉工具，通过这些工具可轻易找到这些点。

4.3.1 特殊位置点捕捉

在绘制 AutoCAD 图形时，有时需要指定一些特殊位置的点，比如圆心、端点、中点和平行线上的点等，这些点如表 4-4 所示。可以通过对象捕捉功能来捕捉这些点。

表 4-4 特殊位置点捕捉

捕捉模式	功能
临时追踪点	建立临时追踪点
两点之间的中点	捕捉两个独立点之间的中点
自	建立一个临时参考点，作为指出后继点的基点
点过滤器	由坐标选择点
端点	线段或圆弧的端点
中点	线段或圆弧的中点
交点	线、圆弧或圆等的交点
外观交点	图形对象在视图平面上的交点
延长线	指定对象的尺寸界线
圆心	圆或圆弧的圆心
象限点	距光标最近的圆或圆弧上可见部分的象限点，即圆周上 0°、90°、180°、270° 位置上的点
切点	最后生成的一个点到选中的圆或圆弧上引切线的切点位置
垂足	在线段、圆、圆弧或它们的延长线上捕捉一个点，使之与最后生成的点的连线与该线段、圆或圆弧正交
平行线	绘制与指定对象平行的图形对象
节点	捕捉用 POINT 或 DIVIDE 等命令生成的点
插入点	文本对象和图块的插入点
最近点	离拾取点最近的线段、圆、圆弧等对象上的点
无	关闭对象捕捉模式
对象捕捉设置	设置对象捕捉

AutoCAD 提供了命令行、工具栏和右键快捷菜单 3 种执行特殊点对象捕捉的方法。

1. 命令行方式

绘图时，当命令行中提示输入一点时，输入相应特殊位置点命令，然后根据提示操作即可。

2. 工具栏方式

使用如图 4-27 所示的"对象捕捉"工具栏可以使用户更方便地实现捕捉点的目的。当命令行提示输入一点时，从"对象捕捉"工具栏上单击相应的按钮。当把鼠标放在某一图标上时，会显示出该图标功能的提示，然后根据提示操作即可。

图 4-27 "对象捕捉"工具栏

3. 快捷菜单方式

快捷菜单可通过同时按下 Shift 键和鼠标右键来激活，菜单中列出了 AutoCAD 提供的对象捕捉模式，如图 4-28 所示。操作方法与工具栏相似，只要在 AutoCAD 提示输入点时单击快捷菜单上相应的菜单项，然后按提示操作即可。

图 4-28 "对象捕捉"快捷菜单

4.3.2 实例——绘制特殊位置线段

下面从图4-29（a）中线段的中点到圆的圆心画一条线段。

扫一扫

STEP 绘制步骤

命令：LINE ✓
指定第一个点：MID ✓
于：（把十字光标放在线段上，如图4-29（b）所示，在线段的中点处出现一个三角形的中点捕捉标记，单击鼠标左键，拾取该点）
指定下一点或 [放弃(U)]：CEN ✓
于：（把十字光标放在圆上，如图4-29（c）所示，在圆心处出现一个圆形的圆心捕捉标记，单击鼠标左键拾取该点）
指定下一点或 [放弃(U)]：✓

结果如图4-29（d）所示。

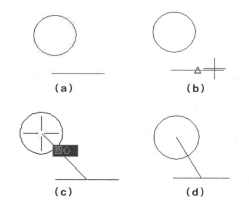

图4-29 利用对象捕捉工具绘制线

4.3.3 设置对象捕捉

在用 AutoCAD 绘图之前，可以根据需要事先设置运行一些对象捕捉模式，绘图时 AutoCAD 能自动捕捉这些特殊点，从而加快绘图速度，提高绘图质量。

执行方式

命令行：DDOSNAP
菜单："工具"→"绘图设置"
工具栏："对象捕捉"→"对象捕捉设置" ▯
状态栏：对象捕捉（功能仅限于打开与关闭）

快捷键：F3（功能仅限于打开与关闭）
快捷菜单：对象捕捉设置（图4-28）

操作步骤

命令：DDOSNAP ✓

执行上述命令后，系统打开"草图设置"对话框，在该对话框中，切换到"对象捕捉"选项卡，如图4-30所示。利用此对话框可以对对象捕捉方式进行设置。

图4-30 "对象捕捉"选项卡

选项说明

（1）"启用对象捕捉"复选框：用于打开或关闭对象捕捉方式。当选中此复选框时，在"对象捕捉模式"选项组中选中的捕捉模式处于激活状态。

（2）"启用对象捕捉追踪"复选框：用于打开或关闭自动追踪功能。

（3）"对象捕捉模式"选项组：列出各种捕捉模式的复选框，选中某项则该模式被激活。单击"全部清除"按钮，则所有模式均被清除。单击"全部选择"按钮，则所有模式均被选中。

另外，在对话框的左下角有一个"选项"按钮，单击该按钮可打开"选项"对话框，并自动切换到"草图"选项卡，利用该对话框可进行捕捉模式的各项设置。

4.3.4 实例——绘制动合触点

下面绘制如图4-31所示的动合触点符号。

图 4-31　动合触点符号

STEP 绘制步骤

❶ 单击"对象捕捉"右侧的小三角按钮▾，在弹出的快捷菜单中选择"对象捕捉设置"命令，如图 4-32 所示，系统打开"草图设置"对话框，单击"全部选择"按钮，将所有特殊位置点设置为可捕捉状态，如图 4-33 所示。

图 4-32　快捷菜单

图 4-33　"草图设置"对话框

❷ 单击"默认"选项卡"绘图"面板中的"圆

弧"按钮 ⌒，绘制一个大小适当的圆弧。

❸ 单击"默认"选项卡"绘图"面板中的"直线"按钮 ╱，在绘制的圆弧右边绘制连续线段，在绘制完一段斜线后，按状态栏的"正交模式"按钮，这样就能保证接下来绘制的部分线段是正交的，绘制完直线后的图形如图 4-34 所示。

图 4-34　绘制连续直线

> **注意**　"正交""对象捕捉"等命令是透明命令，可以在其他命令执行过程中操作，而不中断原命令操作。

❹ 单击"默认"选项卡"绘图"面板中的"直线"按钮 ╱，同时单击状态栏上的"对象追踪"按钮，将鼠标放在刚绘制的竖线的起始端点附近，然后往上移动鼠标，这时，系统显示一条追踪线，如图 4-35 所示，表示目前鼠标位置处于竖直直线的延长线上。

图 4-35　显示追踪线

❺ 在合适的位置单击鼠标左键，确定直线的起点，再向上移动鼠标，指定竖直直线的终点。

❻ 单击"默认"选项卡"绘图"面板中的"直线"按钮 ╱，将鼠标移动到圆弧附近适当位置，系统会显示离鼠标最近的特殊位置点，单击鼠标左键，系统自动捕捉到该特殊位置点为直线的起点，如图

4-36 所示。

图 4-36　捕捉直线起点

❼ 水平移动鼠标到斜线附近，这时，系统也会自动显示斜线上离鼠标位置最近的特殊位置点，单击鼠标，系统自动捕捉该点为直线的终点，如图4-37 所示。

图 4-37　捕捉直线终点

> **注意**　绘制水平直线的过程中，同时按下了"正交模式"按钮和"对象捕捉"按钮，但有时系统不能同时满足既保证直线正交又同时保证直线的端点为特殊位置点。这时，系统优先满足对象捕捉条件，即保证直线的端点是圆弧和斜线上的特殊位置点，而不能保证其一定是正交直线，如图 4-38 所示。

图 4-38　直线不正交

解决这个矛盾的一个小技巧是先放大图形，再捕捉特殊位置点，这样即可找到能够满足直线正交的特殊位置点作为直线的端点。

❽ 同样方法绘制第 2 条水平线，最终结果如图4-31 所示。

4.4　缩放与平移

改变视图时，一般的方法就是利用"缩放"和"平移"命令。用它们可以在绘图区域放大或缩小图像显示，或者改变观察位置。

4.4.1　实时缩放

AutoCAD 2018 为交互式的缩放和平移提供了可能。有了实时缩放，用户就可以通过垂直向上或向下移动光标来放大或缩小图形。利用实时平移能点击和移动光标重新设置图形。

执行方式

命令行：ZOOM

菜单："视图"→"缩放"→"实时"

工具栏："标准"→"实时缩放"

功能区：单击"视图"选项卡"导航"面板上的"范围"下拉菜单中的"实时"按钮

操作步骤

命令：ZOOM↙

按住选择钮垂直向上或向下移动。从图形的中点向顶端垂直地移动光标就可以将图形放大一倍，向底部垂直地移动光标就可以将图形缩小 1/2。

另外，还有动态缩放、放大、缩小、窗口缩放、比例缩放、中心缩放、全部缩放、对象缩放、缩放上一个和最大图形范围缩放，其操作方法与动态缩放类似，这里不再赘述。

4.4.2 实时平移

执行方式

命令行：PAN

菜单："视图"→"平移"→"实时"

工具栏："标准"→"实时平移"

功能区：单击"视图"选项卡"导航"面板中的"平移"按钮

操作步骤

命令：PAN ✓

执行上述命令后，用鼠标按下选择钮，然后移动手形光标即可平移图形了。当移动到图形的边沿时，光标就变成一个三角形显示。

另外，为显示控制命令，系统设置了一个右键快捷菜单，如图 4-39 所示。在该菜单中，用户可以在显示命令执行的过程中，透明的进行切换。

退出
✓ 平移
缩放
三维动态观察
窗口缩放
缩放为原窗口
范围缩放

图 4-39　右键快捷菜单

4.5 综合实例——绘制简单电路布局

本实例绘制简单电路，如图 4-40 所示，主要目的是帮助读者灵活应用前面学习的基本绘图工具，使读者系统地掌握各种绘图工具的使用方法。

本例大体思路是先设置图层，然后绘制各个电气元件，再绘制导线，最后绘制文字符号。

图 4-40　简单电路布局

STEP 绘制步骤

❶ 单击"默认"选项卡"图层"面板中的"图层特性"按钮，设置两个图层：实线层和文字层，具体设置如图 4-41 所示。

❷ 将实线层设置为当前层，按下状态栏上的"正交模式"按钮，单击"默认"选项卡"绘图"面板中的"矩形"按钮，绘制一个适当大小的矩形，表示操作器件符号。

图 4-41　设置图层

❸ 按下状态栏上的"对象追踪"按钮。单击"默认"选项卡"绘图"面板中的"直线"按钮 ✎，将鼠标放在刚绘制的矩形的左下角端点附近，然后往下移动鼠标，这时，系统显示一条追踪线，如图4-42所示，表示目前鼠标位置处于矩形左边的延长线上，适当指定一点为直线起点，再往下适当指定一点为直线终点。

图 4-42 显示追踪线

❹ 单击"默认"选项卡"绘图"面板中的"直线"按钮 ✎，将鼠标放在刚绘制的竖线的上端点附近，然后往右移动鼠标，这时，系统显示一条追踪线，如图4-43所示，表示目前鼠标位置处于竖线的上端点同一水平线上，适当指定一点为直线起点。

图 4-43 显示起点追踪线

❺ 将鼠标放在刚绘制的竖线的下端点附近，然后往右移动鼠标，这时，系统也显示一条追踪线，如图4-44所示，表示当前光标位置处于竖线的下端

图 4-44 显示终点追踪线图

点同一水平线上，在刚绘制线的起点大约正下方指定一点为直线起点，单击鼠标左键，这样系统就捕捉到直线的终点，使该直线竖直，同时起点和终点与前面绘制的竖线的起点和终点在同一水平线上。这样，就完成了电容符号的绘制。

❻ 单击"默认"选项卡"绘图"面板中的"矩形"按钮 ▭，在电容符号下方适当位置绘制一个矩形，表示电阻符号，如图4-45所示。

图 4-45 绘制电阻

❼ 单击"默认"选项卡"绘图"面板中的"直线"按钮 ✎，在绘制的电气符号两侧绘制两条适当长度的竖直直线，表示导线主线，如图4-46所示。

图 4-46 绘制导线主线

❽ 单击状态栏中的"对象捕捉"按钮 ▫，并将所有特殊位置点设置为可捕捉点。

❾ 捕捉上面矩形的左边中点为直线起点，如图4-47所示。捕捉左边导线主线上一点为直线终点，如图4-48所示。

图 4-47 捕捉直线起点

图 4-48　捕捉直线终点

⑩ 单击"默认"选项卡"绘图"面板中的"直线"按钮 ，绘制操作器件和电容的连接导线以及电阻的连接导线，注意捕捉电阻导线的起点为电阻符号矩形左边的中点，终点为电容连线上的

垂足，如图 4-49 所示。完成的导线绘制如图 4-50 所示。

图 4-49　绘制电阻导线连线　　图 4-50　完成导线绘制

⑪ 将当前图层设置为"文字"层，绘制文字，最终结果如图 4-40 所示。

4.6　上机实验

【实验 1】绘制手动操作开关

1. 目的要求

利用"图层"命令和精确定位工具绘制如图 4-51 所示的手动操作开关。

图 4-51　手动操作开关

2. 操作提示

（1）设置两个新图层。

（2）利用精确定位工具配合"图层"命令绘制

各图线。

【实验 2】绘制密闭插座

1. 目的要求

利用精确定位工具绘制如图 4-52 所示的密闭插座。

图 4-52　密闭插座

2. 操作提示

灵活利用精确定位工具。

4.7　思考与练习

1. 选择题

（1）物体捕捉的方法有（　　）。

A. 命令行方式　　　B. 菜单栏方式　　　C. 快捷菜单方式　　　D. 工具栏方式

（2）正交模式设置的方法有（　）。

A. 命令行：ORTHO

B. 菜单："工具"→"辅助绘图工具"

C. 状态栏：正交开关按钮

D. 快捷键：F8 键

2. 操作题

（1）绘制如图 4-53 所示的隔离开关。

图 4-53　隔离开关

（2）绘制如图 4-54 所示的电磁阀。

图 4-54　电磁阀

第 5 章
文字、表格和尺寸标注

　　文字注释是图形中很重要的一部分内容，在进行各种设计时，通常不仅要绘制出图形，还要在图形中标注一些文字，如技术要求和注释说明等，对图形对象加以解释。AutoCAD 提供了多种写入文字的方法，本章将介绍文字标注和编辑功能。另外，表格在 AutoCAD 图形中也有大量的应用，如明细表、参数表和标题栏等。AutoCAD 的表格功能使绘制表格变得方便快捷。尺寸标注是绘图设计过程中相当重要的一个环节。由于图形的主要作用是表达物体的形状，而物体各部分的真实大小和各部分之间的确切位置只能通过尺寸标注来表达。因此，没有正确的尺寸标注，绘制出的图纸对于加工制造就没有意义。AutoCAD 2018 提供了方便、准确的尺寸标注功能。

重点与难点
- 文字样式、标注和编辑
- 表格
- 尺寸样式
- 标注尺寸
- 引线标注

5.1 文字样式

AutoCAD 2018 提供了"文字样式"对话框，通过这个对话框可方便直观地设置需要的文字样式，或对已有样式进行修改。

命令行：STYLE 或 DDSTYLE

菜单："格式"→"文字样式"

工具栏："文字"→"文字样式" A✓

功能区：单击"默认"选项卡"注释"面板中的"文字样式"按钮A✓，或单击"注释"选项卡"文字"面板上的"文字样式"下拉菜单中的"管理文字样式"按钮，或单击"注释"选项卡"文字"面板中的"对话框启动器"按钮 ↘

操作步骤

命令：STYLE ✓

执行上述命令后，打开"文字样式"对话框，如图 5-1 所示。

图 5-1 "文字样式"对话框

选项说明

（1）"字体"选项组：确定字体式样。在 AutoCAD 中，除了它固有的 SHX 字体外，还可以使用 TrueType 字体（如宋体、楷体和 Italic 等）。一种字体可以设置不同的效果，从而被多种文字样式使用。例如，图 5-2 所示就是同一种字体（宋体）的不同样式。

"字体"选项组用来确定文字样式使用的字体文件、字体风格及字高等。如果在"高度"文本框

中输入一个数值，则它将作为创建文字时的固定字高，在用 TEXT 命令输入文字时，AutoCAD 不再提示输入字高参数；如果在此文本框中设置字高为 0，AutoCAD 则会在每一次创建文字时提示输入字高。所以，如果不想固定字高，就可以将其设置为 0。

电气设计
电气设计
电气设计
电气设计
电 气 设 计
电气设计
电气设计

图 5-2 同一字体的不同样式

（2）"大小"选项组。

① "注释性"复选框。指定文字为注释性文字。

② "使文字方向与布局匹配"复选框。指定图纸空间窗口中的文字方向与布局方向匹配。如果取消选中"注释性"复选框，则该选项不可用。

③ "高度"文本框。设置文字高度。如果输入0.0，则每次用该样式输入文字时，文字默认值为上次使用的文字高度。

（3）"效果"选项组：该组中各选项用于设置字体的特殊效果。

① "颠倒"复选框。选中此复选框，表示将文本文字倒置标注，如图 5-3（a）所示。

② "反向"复选框。确定是否将文本文字反向标注。图 5-3（b）给出了这种标注效果。

ABCDEFGHIJKLMN   ABCDEFGHIJKLMN
ABCDEFGHIJKLMN   ABCDEFGHIJKLMN
（a）   （b）

图 5-3 文字倒置标注与反向标注

③ "垂直"复选框。确定文本是水平标注还是垂直标注。选中此复选框时为垂直标注，否则为水平标注，如图 5-4 所示。

$abcd$
a
b
c
d

图 5-4　垂直标注文字

④ 宽度因子。设置宽度系数，确定文本字符的宽高比。当比例系数为 1 时，表示将按字体文件中定义的宽高比标注文字。当此系数小于 1 时，字会变窄，反之变宽。

⑤ 倾斜角度。用于确定文字的倾斜角度。角度为 0 时不倾斜，为正时向右倾斜，为负时向左倾斜。

5.2　文字标注

在制图过程中文字传递了很多设计信息，它可能是一个较复杂的说明，也可能是一个简短的文字信息。当需要标注的文本不太长时，可以利用 TEXT 命令创建单行文本。当需要标注很长、很复杂的文字信息时，用户可以用 MTEXT 命令创建多行文本。

5.2.1　单行文字标注

执行方式

命令行：TEXT 或 DTEXT

菜单："绘图"→"文字"→"单行文字"

工具栏："文字"→"单行文字"A

功能区：单击"默认"选项卡"注释"面板中的"单行文字"按钮A，或单击"注释"选项卡"文字"面板中的"单行文字"按钮A

操作步骤

命令：TEXT ✓

选择相应的菜单项或在命令行输入 TEXT 命令后按 Enter 键，系统提示：

当前文字样式："Standard"　当前文字高度：0.2000 注释性：　否
指定文字的起点或 [对正 (J) / 样式 (S)]：

选项说明

（1）指定文字的起点：在此提示下直接在作图屏幕上点取一点作为文本的起始点，命令行提示如下。

指定高度 <0.2000>：（确定字符的高度）
指定文字的旋转角度 <0>：（确定文本行的倾斜角度）

在此提示下输入一行文本后按 Enter 键，可继续输入文本，待全部输入完成后直接按 Enter 键，则退出 TEXT 命令。可见，由 TEXT 命令也可创建多行文本，只是对于这种多行文本，每一行是一个对象，因此不能对多行文本同时进行操作，但可以单独修改每一单行的文字样式、字高、旋转角度和对齐方式等。

（2）对正（J）：在上面的提示下输入 J，用来确定文本的对齐方式，对齐方式决定文本的某一部分与所选的插入点对齐。执行此选项，命令行提示如下。

输入选项 [左 (L) / 居中 (C) / 右 (R) / 对齐 (A) / 中间 (M) / 布满 (F) / 左上 (TL) / 中上 (TC) / 右上 (TR) / 左中 (ML) / 正中 (MC) / 右中 (MR) / 左下 (BL) / 中下 (BC) / 右下 (BR)]：

在此提示下选择一个选项作为文本的对齐方式。当文本串水平排列时，AutoCAD 为标注文本串定义了如图 5-5 所示的顶线、中线、基线和底线，各种对齐方式如图 5-6 所示，图中大写字母对应上述提示中的各命令。下面以"对齐"为例进行简要说明。

底线　　基线　　　中线　　顶线

图 5-5　文本行的底线、基线、中线和顶线

图 5-6　文本的对齐方式

选择"对齐"选项，要求用户指定文本行基线的起始点与终止点的位置，命令行提示如下。

指定文字基线的第一个端点：（指定文本行基线的起点位置）

指定文字基线的第二个端点：（指定文本行基线的终点位置）

执行结果：所输入的文本字符均匀地分布于指定的两点之间，如果两点间的连线不水平，则文本行倾斜放置，倾斜角度由两点间的连线与 X 轴夹角确定；字高、字宽根据两点间的距离、字符的多少以及文字样式中设置的宽度系数自动确定。指定了两点之后，每行输入的字符越多，字宽和字高越小。

其他选项与"对齐"类似，不再赘述。

实际绘图时，有时需要标注一些特殊字符，如直径符号、上划线、下划线或温度符号等，由于这些符号不能直接从键盘上输入，AutoCAD 提供了一些控制码，用来实现这些要求。控制码用两个百分号（%%）加一个字符构成，常用的控制码如表 5-1 所示。

表 5-1 AutoCAD 常用控制码

符号	功能
%%O	上划线
%%U	下划线
%%D	"度"符号
%%P	正负符号
%%C	直径符号
%%%	百分号
\u+2248	约等于
\u+2220	角度
\u+E100	边界线
\u+2104	中心线
\u+0394	差值
\u+0278	电相位
\u+E101	流线
\u+2261	标识
\u+E102	界碑线
\u+2260	不相等
\u+2126	欧姆
\u+03A9	欧米加
\u+214A	低界线
\u+2082	下标 2
\u+00B2	上标 2

其中，%%O 和 %%U 分别是上划线和下划线的开关，第 1 次出现此符号时开始画上划线和下划线，第 2 次出现此符号时，上划线和下划线终止。例如，在"输入文字"提示后输入"I want to %%U go to Beijing%%U"，则得到如图 5-7 所示的 a 文本行，输入"50%%D+%%C75%%P12"，则得到如图 5-7 所示的 b 文本行。

图 5-7 文本行

用 TEXT 命令可以创建一个或若干个单行文本，也就是说，用此命令可以标注多行文本。在"输入文字"提示下输入一行文本后按 Enter 键，用户可输入第 2 行文本，依此类推，直到文本全部输完，再按 Enter 键结束文本输入。每一次按 Enter 键就结束一个单行文本的输入，每一个单行文本是一个对象，可以单独修改其文字样式、字高、旋转角度和对齐方式等。

用 TEXT 命令创建文本时，在命令行输入的文字同时显示在屏幕上，而且在创建过程中可以随时改变文本的位置，只要将光标移到新的位置，单击鼠标，则当前行结束，随后输入的文本出现在新的位置上。用这种方法可以把多行文字标注到屏幕的任意位置。

5.2.2 多行文字标注

执行方式

命令行：MTEXT

菜单："绘图"→"文字"→"多行文字"

工具栏："绘图"→"多行文字"A 或"文字"→"多行文字"A

功能区：单击"默认"选项卡"注释"面板中的"多行文字"按钮A，或单击"注释"选项卡"文字"面板中的"多行文字"按钮A

操作步骤

命令：MTEXT✓

执行上述命令后，命令行提示如下。

当前文字样式："Standard" 当前文字高度：
1.9122 注释性： 否
指定第一角点：（指定矩形框的第一个角点）
指定对角点或 [高度(H)/对正(J)/行距(L)/旋
转(R)/样式(S)/宽度(W)/栏(C)]:

选项说明

（1）指定对角点：直接在屏幕上点取一个点作

为矩形框的第2个角点，AutoCAD以这两个点为对角点形成一个矩形区域，其宽度作为将来要标注的多行文本的宽度，而且第1个点作为第1行文本顶线的起点。响应后，AutoCAD打开如图5-8所示的"文字编辑器"选项卡和多行文字编辑器，可利用此编辑器输入多行文本并对其格式进行设置。

图5-8 "文字编辑器"选项卡和多行文字编辑器

（2）对正（J）：确定所标注文本的对齐方式。选择此选项，命令行提示如下。

输入对正方式 [左上(TL)/中上(TC)/右上(TR)/左中(ML)/正中(MC)/右中(MR)/左下(BL)/中下(BC)/右下(BR)] <左上(TL)>:

这些对齐方式与 TEXT 命令中的各对齐方式相同，选择一种对齐方式后按 Enter 键，返回上一级提示。

（3）行距（L）：确定多行文本的行间距，此处的行间距是指相邻两文本行的基线之间的垂直距离。选择此选项，命令行提示如下。

输入行距类型 [至少(A)/精确(E)] <至少(A)>:

在此提示下有两种方式可确定行间距，"至少"方式和"精确"方式。"至少"方式下，AutoCAD根据每行文本中最大的字符自动调整行间距。"精确"方式下，AutoCAD会为多行文本赋予一个固定的行间距。可以直接输入一个确切的间距值，也可以以"nx"的形式输入，其中 n 是一个具体的数，表示将行间距设置为单行文本高度的 n 倍，而单行文本高度是本行文本字符高度的 1.66 倍。

（4）旋转（R）：确定文本行的倾斜角度。执行此选项，命令行提示如下。

指定旋转角度 <0>:（输入倾斜角度）

输入角度值后按 Enter 键，命令行返回"指定对

角点或 [高度(H)/对正(J)/行距(L)/旋转(R)/样式(S)/宽度(W)]"的提示。

（5）样式（S）：确定当前的文字样式。

（6）宽度（W）：指定多行文本的宽度。可在屏幕上选择一点，将其与前面确定的第1个角点组成的矩形框的宽度作为多行文本的宽度，也可以输入一个数值，精确设置多行文本的宽度。

（7）高度（H）：用于指定多行文本的高度。可在绘图区选择一点，与前面确定的第一个角点组成一个矩形框的高作为多行文本的高度；也可以输入一个数值，精确设置多行文本的高度。

（8）栏（C）：可以将多行文字对象的格式设置为多栏。可以指定栏和栏之间的宽度、高度及栏数，以及使用夹点编辑栏宽和栏高。其中提供了 3 个栏选项，即"不分栏""静态栏"和"动态栏"。

（9）"文字编辑器"选项卡：用来控制文本文字的显示特性。可以在输入文本文字前设置文本的特性，也可以改变已输入的文本文字特性。要改变已有文本文字显示特性，首先应选择要修改的文本，选择文本的方式有以下 3 种。

① 将光标定位到文本文字开始处，按住鼠标左键，拖到文本末尾。

② 双击某个文字，则该文字被选中。

③ 3 次单击鼠标，则选中全部内容。

下面介绍该选项卡中部分选项的功能。

（1）"高度"下拉列表框：确定文本的字符高度，可在文本编辑框中直接输入新的字符高度，也可从下拉列表中选择已设定过的高度。

（2）"$\mathbf{B}$" 和 "I" 按钮：设置黑体或斜体效果，只对 TrueType 字体有效。

（3）"删除线"按钮 $\overline{\underline{A}}$：用于在文字上添加水平删除线。

（4）"下划线" $\underline{U}$ 与 "上划线" $\overline{O}$ 按钮：设置或取消上（下）划线。

（5）"堆叠"按钮 $\frac{b}{a}$：即层叠 / 非层叠文本按钮，用于层叠所选的文本，也就是创建分数形式。当文本中某处出现 "/" "^" 或 "#" 这 3 种层叠符号之一时可层叠文本，方法是选中需层叠的文字，然后单击此按钮，则符号左边的文字作为分子，右边的文字作为分母。

AutoCAD 提供了 3 种分数形式。

① 如果选中 "abcd/efgh" 后单击此按钮，得到如图 5-9（a）所示的分数形式。

② 如果选中 "abcd^efgh" 后单击此按钮，则得到如图 5-9（b）所示的形式，此形式多用于标注极限偏差。

$$\frac{abcd}{efgh} \qquad \frac{abcd}{efgh} \qquad abcd/efgh$$

（a）　　　　　（b）　　　　　（c）

图 5-9　文本层叠

③ 如果选中 "abcd # efgh" 后单击此按钮，则创建斜排的分数形式，如图 5-9（c）所示。如果选中已经层叠的文本对象后单击此按钮，则恢复到非层叠形式。

（6）"倾斜角度"下拉列表框 $0/$：设置文字的倾斜角度，如图 5-10 所示。

建筑设计

建筑设计

建筑设计

图 5-10　倾斜角度与斜体效果

（7）"符号"按钮 @▾：用于输入各种符号。单击该按钮，系统打开符号列表，如图 5-11 所示，可以从中选择符号输入文本中。

度数	%%d
正/负	%%p
直径	%%c
几乎相等	\U+2248
角度	\U+2220
边界线	\U+E100
中心线	\U+2104
差值	\U+0394
电相角	\U+0278
流线	\U+E101
恒等于	\U+2261
初始长度	\U+E200
界碑线	\U+E102
不相等	\U+2260
欧姆	\U+2126
欧米加	\U+03A9
地界线	\U+214A
下标 2	\U+2082
平方	\U+00B2
立方	\U+00B3
不间断空格	Ctrl+Shift+Space
其他...	

图 5-11　符号列表

（8）"插入字段"按钮 ：插入一些常用或预设字段。单击该命令，系统打开"字段"对话框，如图 5-12 所示，用户可以从中选择字段插入标注文本中。

图 5-12　"字段"对话框

（9）"追踪"按钮 a-b：增大或减小选定字符之间的空隙。

（10）"宽度因子"按钮 ：扩展或收缩选定字符。

（11）"上标" X^2 按钮：将选定文字转换为上标，即在键入线的上方设置稍小的文字。

（12）"下标" X_2 按钮：将选定文字转换为下标，即在键入线的下方设置稍小的文字。

（13）"清除格式"下拉列表：删除选定字符的字符格式，或删除选定段落的段落格式，或删除选定段落中的所有格式。

（14）"项目符号和编号"下拉列表：添加段落文字前面的项目符号和编号。

① 关闭：如果选择此选项，将从应用了列表格式的选定文字中删除字母、数字和项目符号。不更改缩进状态。

② 以数字标记：应用将带有句点的数字用于列表中的项的列表格式。

③ 以字母标记：应用将带有句点的字母用于列表中的项的列表格式。如果列表含有的项多于字母中含有的字母，可以使用双字母继续序列。

④ 以项目符号标记：应用将项目符号用于列表中的项的列表格式。

⑤ 启点：在列表格式中启动新的字母或数字序列。如果选定的项位于列表中间，则选定项下面的未选中的项也将成为新列表的一部分。

⑥ 连续：将选定的段落添加到上面最后一个列表然后继续序列。如果选择了列表项而非段落，选定项下面的未选中的项将继续序列。

⑦ 允许自动项目符号和编号：在键入时应用列表格式。以下字符可以用作字母和数字后的标点并不能用作项目符号：句点 (.)、逗号 (,)、右括号 ())、右尖括号 (>)、右方括号 (])和右花括号 (})。

⑧ 允许项目符号和列表：如果选择此选项，列表格式将应用到外观类似列表的多行文字对象中的所有纯文本。

（15）拼写检查：确定键入时拼写检查处于打开还是关闭状态。

（16）编辑词典：显示"词典"对话框，从中可添加或删除在拼写检查过程中使用的自定义词典。

（17）标尺：在编辑器顶部显示标尺。拖动标尺

末尾的箭头可更改文字对象的宽度。列模式处于活动状态时，还显示高度和列夹点。

（18）段落：为段落和段落的第一行设置缩进。指定制表位和缩进，控制段落对齐方式、段落间距和段落行距如图 5-13 所示。

图 5-13 "段落"对话框

（19）输入文字：选择此项，系统打开"选择文件"对话框，如图 5-14 所示。选择任意 ASCII 或 RTF 格式的文件。输入的文字保留原始字符格式和样式特性，但可以在多行文字编辑器中编辑和格式化输入的文字。选择要输入的文本文件后，可以替换选定的文字或全部文字，或在文字边界内将插入的文字附加到选定的文字中。输入文字的文件必须小于 32K。

图 5-14 "选择文件"对话框

5.3 文字编辑

5.3.1 文字编辑命令

执行方式

命令行：DDEDIT

菜单："修改"→"对象"→"文字"→"编辑"

工具栏："文字"→"编辑" 🄰₂

快捷菜单："编辑多行文字"或"编辑文字"

操作步骤

执行上述命令后，命令行提示如下。

命令：DDEDIT ✓
选择注释对象或 [放弃(U)]：

选择想要修改的文本，同时光标变为拾取框。用拾取框单击对象，如果选择的文本是用 TEXT 命令创建的单行文本，则亮显该文本，此时可对其进行修改；如果选择的文本是用 MTEXT 命令创建的多行文本，选择后则打开多行文字编辑器，可根据前面的介绍对各项设置或内容进行修改。

5.3.2 实例——绘制带滑动触点的电位器 R1

下面绘制如图 5-15 所示的带滑动触点的电位器 R1。

图 5-15　滑动电位器

STEP 绘制步骤

❶ 单击"默认"选项卡"绘图"面板中的"矩形"按钮 □，绘制一个矩形，指定矩形两个角点的坐标分别为（100,100）和（500,200）。单击"默认"选项卡"绘图"面板中的"直线"按钮 ✏，分别捕捉矩形左右边的中点为端点，向左和向右绘制两条适当长度的水平线段，如图 5-16 所示。

图 5-16　绘制矩形和直线

> **注意** 在命令行输入坐标值时，坐标数值之间的间隔逗号必须在西文状态下输入，否则系统无法识别。

❷ 单击"默认"选项卡"绘图"面板中的"多段线"按钮 ⥀，命令行提示与操作如下。

```
命令：_pline
指定起点：(捕捉右边适当一点 1，如图 5-17 所示)
当前线宽为 0.0000
指定下一个点或 [圆弧(A)/半宽(H)/长度(L)/放弃(U)/宽度(W)]：(水平向左合适位置处指定一点 2，如图 5-17 所示)
指定下一点或 [圆弧(A)/闭合(C)/半宽(H)/长度(L)/放弃(U)/宽度(W)]：(竖直向下合适位置处指定一点 3，如图 5-17 所示)
指定下一点或 [圆弧(A)/闭合(C)/半宽(H)/长度(L)/放弃(U)/宽度(W)]：w ✓
指定起点宽度 <0.0000>：10 ✓
指定端点宽度 <10.0000>：0 ✓
指定下一点或 [圆弧(A)/闭合(C)/半宽(H)/长度(L)/放弃(U)/宽度(W)]：(竖直向下捕捉矩形上的垂足)
指定下一点或 [圆弧(A)/闭合(C)/半宽(H)/长度(L)/放弃(U)/宽度(W)]：✓
```

效果如图 5-17 所示。

图 5-17　绘制多段线

❸ 单击"默认"选项卡"注释"面板中的"多行文字"按钮 🄰，在图 5-17 中点 3 位置的正上方指定文本范围框，系统打开"文字编辑器"选项卡，如图 5-18 所示，输入文字"R1"，并按图 5-18 所示设置文字的各项参数，最终结果如图 5-15 所示。

图 5-18　"文字编辑器"选项卡

5.4 表格

使用 AutoCAD 提供的"表格"功能创建表格，用户可以直接插入设置好样式的表格，而不用绘制由单独的图线组成的栅格。

5.4.1 定义表格样式

表格样式可用于控制表格基本形状和间距。和文字样式一样，所有 AutoCAD 图形中的表格都有与其相对应的表格样式。当插入表格对象时，AutoCAD 使用当前设置的表格样式。模板文件 ACAD.dwt 和 ACADISO.dwt 中定义了名为 Standard 的默认表格样式。

执行方式

命令行：TABLESTYLE

菜单："格式"→"表格样式"

工具栏："样式"→"表格样式管理器"

功能区：单击"默认"选项卡"注释"面板中的"表格样式"按钮，或单击"注释"选项卡"表格"面板上的"表格样式"下拉菜单中的"管理表格样式"按钮，或单击"注释"选项卡"表格"面板中的"对话框启动器"按钮

操作步骤

命令：TABLESTYLE ✓

执行上述命令后，AutoCAD 将打开"表格样式"对话框，如图 5-19 所示。

图 5-19　"表格样式"对话框

选项说明

（1）新建：单击该按钮，系统打开"创建新的表格样式"对话框，如图 5-20 所示。输入新的表格样式名后，单击"继续"按钮，系统打开"新建表格样式"对话框，如图 5-21 所示，从中可以定义新的表格样式。

图 5-20　"创建新的表格样式"对话框

新建表格样式对话框中有 3 个选项卡："常规""文字"和"边框"，分别控制表格中数据、表

头和标题的有关参数，如图 5-22 所示。

图 5-21　新建表格样式对话框

图 5-22　表格样式

① "常规" 选项卡。

● 填充颜色：指定填充颜色。

● 对齐：为单元内容指定一种对齐方式。

● 格式：设置表格中各行的数据类型和格式。

● 类型：将单元样式指定为标签或数据，在包含起始表格的表格样式中插入默认文字时使用，也用于在工具选项板上创建表格工具的情况。

● 水平：设置单元中的文字或块与左右单元边界之间的距离。

● 垂直：设置单元中的文字或块与上下单元边界之间的距离。

● 创建行 / 列时合并单元：将使以当前单元样式创建的所有新行或列合并到一个单元中。

② "文字" 选项卡。

● 文字样式：指定文字样式。

● 文字高度：指定文字高度。

● 文字颜色：指定文字颜色。

● 文字角度：设置文字倾斜角度。

③ "边框" 选项卡。

● 线宽：设置要用于显示边界的线宽。

● 线型：通过单击边框按钮，设置线型，以应用于指定边框。

● 颜色：指定颜色以应用于显示的边界。

● 双线：指定选定的边框为双线型。

（2）修改：对当前表格样式进行修改，方法与新建表格样式相同。

5.4.2 创建表格

在设置好表格样式后，用户可以利用 TABLE 命令创建表格。

执行方式

命令行：TABLE

菜单："绘图"→"表格"

工具栏："绘图"→"表格" ▦

功能区：单击 "默认" 选项卡 "注释" 面板中的 "表格" 按钮 ▦，或单击 "注释" 选项卡 "表格" 面板中的 "表格" 按钮 ▦

操作步骤

命令：TABLE ✓

执行上述命令后，AutoCAD 将打开 "插入表格" 对话框，如图 5-23 所示。

图 5-23　"插入表格" 对话框

选项说明

（1）"表格样式" 选项组：可以在 "表格样式" 下拉列表框中选择一种表格样式，也可以单击后面的 ▣按钮新建或修改表格样式。

（2）"插入方式" 选项组。

①"指定插入点"单选按钮。指定表格左上角的位置。可以使用定点设备，也可以在命令行中输入坐标值。如果表样式将表的方向设置为由下而上读取，则插入点位于表的左下角。

②"指定窗口"单选按钮。指定表格的大小和位置。可以使用定点设备，也可以在命令行中输入坐标值。选定此选项时，行数、列数、列宽和行高取决于窗口的大小以及列和行的设置。

（3）"列和行设置"选项组：指定列和行的数目以及列宽与行高。

> 一个单位的行高为文字高度与垂直边距的和。列宽设置必须不小于文字宽度与水平边距的和，如果列宽小于此值，则实际列宽以文字宽度与水平边距的和为准。

在"插入表格"对话框中进行相应的设置后，单击"确定"按钮，系统在指定的插入点或窗口自动插入一个空表格，并显示多行文字编辑器，用户可以逐行逐列输入相应的文字或数据，如图5-24所示。

图5-24 空表格和多行文字编辑器

5.4.3 表格文字编辑

执行方式

命令行：TABLEDIT

快捷菜单：选定表和一个或多个单元后，右击鼠标并选择快捷菜单上的"编辑文字"命令，如图5-25所示。

定点设备：在表单元内双击。

操作步骤

命令：TABLEDIT ✓

执行此命令后，系统打开多行文字编辑器，用户可以对指定单元格中的文字进行编辑。

在 AutoCAD 2018 中，可以在表格中插入简单的公式，用于计算总计、计数和平均值，还可以定义简单的算术表达式。要在选定的单元格中插入公式，可单击鼠标右键，然后选择"插入点"→"公式"命令，如图5-26所示。也可以使用位文字编辑器来输入公式。选择一个公式项后，系统提示：

图5-25 快捷菜单

图 5-26 插入公式

选择表单元范围的第一个角点：（在表格内指定一点）
选择表单元范围的第二个角点：（在表格内指定另一点）

指定单元范围后，系统对范围内单元格的数值按指定公式进行计算，并给出最终计算值。

5.4.4 表格样式编辑

要进行表格样式本身的编辑，可以单击一个已经绘制好的表格，系统打开"表格单元"选项卡，如图 5-27 所示。拖动表格编辑夹点，任意设置表格的宽度和高度，如图 5-28 所示。

图 5-27 表格编辑器

图 5-28 修改单元格宽度

5.4.5 实例——绘制电气制图 A3 样板图

下面绘制如图 5-29 所示的电气制图 A3 样板图。

扫一扫

图 5-29 电气制图 A3 样板图

STEP 绘制步骤

1．绘制图框

单击"默认"选项卡"绘图"面板中的"矩形"按钮□，绘制一个矩形，指定矩形两个角点的坐标分别为（25,10）和（410,287），如图 5-30 所示。

图 5-30 绘制矩形

> **注意** 标准 A3 图纸的幅面大小是 420mm×297mm，这里留出了带装订边的图框到纸面边界的距离。

2．绘制标题栏

标题栏结构如图 5-27 所示，由于分隔线并不整齐，所以可以先绘制一个 28×4（每个单元格的尺寸是 5×8）的标准表格，然后在此基础上编辑合并单元格形成如图 5-31 所示的形式。

❶ 单击"默认"选项卡"注释"面板中的"表

格样式"按钮🗐，打开"表格样式"对话框，如图
5-32 所示。

图 5-31 标题栏示意图

图 5-32 "表格样式"对话框

❷ 单击"修改"按钮，系统打开"修改表格样
式：Standard"对话框，在"单元样式"下拉列表框
中选择"数据"选项，在下面的"文字"选项卡中
将文字高度设置为 3，如图 5-33 所示。再打开"常
规"选项卡，将"页边距"选项组中的"水平"和"垂
直"都设置成 1，如图 5-34 所示。

图 5-33 "修改表格样式：Standard"对话框

 注意 表格的行高 = 文字高度 +2× 垂直页边
距，此处设置为 3+2×1=5。

图 5-34 设置"常规"选项卡

❸ 系统返回"表格样式"对话框，单击"关闭"
按钮退出。

❹ 单击"默认"选项卡"注释"面板中的"表
格"按钮🖽，系统打开"插入表格"对话框，在"列
和行设置"选项组中将"列数"设置为 28，将"列
宽"设置为 5，将"数据行数"设置为 2（加上标题
行和表头行共 4 行），将"行高"设置为 1 行（即
为 10）；在"设置单元样式"选项组中将"第一行
单元样式"、"第二行单元样式"和"所有其他行单
元样式"都设置为"数据"，如图 5-35 所示。

 注意 表格宽度设置值不能小于文字宽度
+2× 水平页边距，如果小于此值，则
以此值为表格宽度。在图 5-33 中，将文字高度
设置成 3 是基于表格的宽度设置，由于默认的
文字宽度因子为 1，所以文字宽度 +2× 水平页
边距刚好为 5，满足宽度设置要求。

图 5-35 "插入表格"对话框

❺ 在图框线右下角附近指定表格位置，系统生
成表格，同时打开"文字编辑器"选项卡，如图 5-36

所示，直接按 Enter 键，不输入文字，生成的表格如图 5-37 所示。

图 5-36 表格和"文字编辑器"选项卡

图 5-37 生成表格

❻ 单击表格的一个单元格，系统显示其编辑夹点，单击鼠标右键，在打开的快捷菜单中选择"特性"命令，如图 5-38 所示，系统打开"特性"选项板，将单元高度参数改为 8，如图 5-39 所示，这样该单元格所在行的高度就统一改为 8。用同样方法将其他行的高度改为 8，如图 5-40 所示。

图 5-38 快捷菜单

图 5-39 "特性"选项板

图 5-40 修改表格高度

❼ 选择 A1 单元格，按住 Shift 键，同时选择右边的 G2 单元格，单击鼠标右键，打开快捷菜单，选择其中的"合并"→"全部"命令，如图 5-41 所示，将这些单元格合并，效果如图 5-42 所示。

图 5-41 在快捷菜单中选择全部合并命令

图 5-42 合并单元格

用同样方法合并其他单元格，结果如图 5-43 所示。

图 5-43 完成表格绘制

❽ 在单元格三击鼠标左键，打开如图 5-44 所示的文字编辑器，在单元格中输入文字，将文字大小改为 4。

用同样方法，输入其他单元格文字，结果如图 5-45 所示。

3. 移动标题栏

刚生成的标题栏无法准确确定与图框的相对位

图5-44 输入文字

图 5-45 完成标题栏文字输入

置，需要移动。这里单击"默认"选项卡"修改"面板中的"移动"按钮，命令行提示与操作如下。

```
命令：move ✓
选择对象：（选择刚绘制的表格）
选择对象：
指定基点或 ［位移 (D)］ <位移>：（捕捉表格的右下角点）
指定第二个点或 <使用第一个点作为位移>：（捕捉图框的右下角点）
```

这样就将表格准确放置在图框的右下角了，如图 5-46 所示。

图 5-46 移动表格

4. 保存样板图

选择菜单栏中的"文件"→"另存为"命令，打开"图形另存为"对话框，将图形保存为 .dwt 格式文件即可，如图 5-47 所示。

图 5-47 "图形另存为"对话框

5.5 尺寸样式

组成尺寸标注的尺寸界线、尺寸线、尺寸文本及箭头等可以采用多种多样的形式，实际标注一个几何对象的尺寸时，它的尺寸标注以什么形态出现，取决于当前所采用的尺寸标注样式。标注样式决定尺寸标注的形式，包括尺寸线、尺寸界线、箭头和中心标记的形式，以及尺寸文本的位置、特性等。在 AutoCAD 2018 中，用户可以利用"标注样式管理器"对话框方便地设置自己需要的尺寸标注样式。下面介绍如何设置尺寸标注样式。

5.5.1 新建或修改尺寸样式

在进行尺寸标注之前，要建立尺寸标注的样式。如果用户不建立尺寸样式而直接进行标注，系统使用默认的名称为 Standard 的样式。如果用户认为使用的标注样式有某些设置不合适，也可以修改标注样式。

执行方式

命令行：DIMSTYLE

菜单："格式"→"标注样式"或"标注"→"标注样式"

工具栏："标注"→"标注样式" ![icon]

功能区：单击"默认"选项卡"注释"面板中的"标注样式"按钮 ![icon]，或单击"注释"选项卡"标注"面板上的"标注样式"下拉菜单中的"管理标注样式"按钮，或单击"注释"选项卡"标注"面板中的"对话框启动器"按钮 ↘

操作步骤

命令：DIMSTYLE ✓

执行上述命令后，AutoCAD 打开"标注样式管理器"对话框，如图 5-48 所示。利用此对话框可方便直观地设置和浏览尺寸标注样式，包括建立新的标注样式、修改已存在的样式、设置当前尺寸标注样式、重命名样式以及删除一个已存在的样式等。

图 5-48 "标注样式管理器"对话框

选项说明

（1）"置为当前"按钮：单击此按钮，把在"样式"列表框中选中的样式设置为当前样式。

（2）"新建"按钮：定义一个新的尺寸标注样式。单击此按钮，AutoCAD 打开"创建新标注样式"对话框，如图 5-49 所示，利用此对话框可创建一个新的尺寸标注样式。下面介绍其中各选项的功能。

图 5-49 "创建新标注样式"对话框

① 新样式名。给新的尺寸标注样式命名。

② 基础样式。选择创建新样式所基于的标注样式。单击右侧的下三角按钮，出现当前已有的样式列表，从中选择一项作为定义新样式的基础，新的样式是在这个样式的基础上修改某些特性得到的。

③ 用于。指定新样式应用的尺寸类型。单击右侧的下三角按钮，出现尺寸类型列表，如果新建样式应用于所有尺寸，则选择"所有标注"；如果新建样式只应用于特定的尺寸标注（如只在标注直径时使用此样式），则选择相应的尺寸类型。

④ "继续"按钮。各选项设置好以后，单击"继续"按钮，AutoCAD 打开"新建标注样式"对话框，如图 5-50 所示，利用此对话框可对新样式的各项特性进行设置。

图 5-50 "新建标注样式"对话框

（3）"修改"按钮：修改一个已存在的尺寸标注样式。单击此按钮，AutoCAD 将打开"修改标注样式"对话框，该对话框中的各选项与"新建标注样式"对话框中的完全相同，用户可以在此对已有标注样式进行修改。

（4）"替代"按钮：设置临时覆盖尺寸标注样式。单击此按钮，AutoCAD 打开"替代当前样式"对话框，该对话框中各选项与"新建标注样式"对话框中的完全相同，用户可改变选项的设置，覆盖原来的设置，但这种修改只对指定的尺寸标注起作用，而不影响当前尺寸变量的设置。

（5）"比较"按钮：比较两个尺寸标注样式在参数上的区别，或浏览一个尺寸标注样式的参数设置。单击此按钮，AutoCAD 打开"比较标注样式"对话框，如图 5-51 所示。可以把比较结果复制到剪贴板上，然后再粘贴到其他 Windows 应用软件上。

图 5-51 "比较标注样式"对话框

5.5.2 线

在"新建标注样式"对话框中，第 1 个选项卡就是"线"，如图 5-50 所示。该选项卡用于设置尺寸线、尺寸界线的形式和特性。下面分别进行说明。

1. "尺寸线"选项组

用于设置尺寸线的特性。其主要选项的含义如下。

（1）"颜色"下拉列表框：设置尺寸线的颜色。可直接输入颜色名，也可从下拉列表中选择，如果选择"选择颜色"，AutoCAD 将打开"选择颜色"对话框，供用户选择其他颜色。

（2）"线宽"下拉列表框：设置尺寸线的线宽，下拉列表中列出了各种线宽的名字和宽度。AutoCAD 把设置值保存在 DIMLWD 变量中。

（3）"超出标记"微调框：当尺寸箭头已设置为短斜线、短波浪线等，或尺寸线上无箭头时，可利用此微调框设置尺寸线超出尺寸界线的距离。其相应的尺寸变量是 DIMDLE。

（4）"基线间距"微调框：设置以基线方式标注尺寸时，相邻两尺寸线之间的距离，相应的尺寸变量是 DIMDLI。

（5）"隐藏"复选框组：确定是否隐藏尺寸线及相应的箭头。选中"尺寸线 1"复选框，表示隐藏第 1 段尺寸线；选中"尺寸线 2"复选框，表示隐藏第 2 段尺寸线。相应的尺寸变量为 DIMSD1 和 DIMSD2。

2. "尺寸界线"选项组

该选项组用于确定尺寸界线的形式。其主要选项的含义如下。

（1）"颜色"下拉列表框：设置尺寸界线的颜色。

（2）"线宽"下拉列表框：设置尺寸界线的线宽，AutoCAD 把其值保存在 DIMLWE 变量中。

（3）"超出尺寸线"微调框：确定尺寸界线超出尺寸线的距离，相应的尺寸变量是 DIMEXE。

（4）"起点偏移量"微调框：确定尺寸界线的实际起始点相对于指定的尺寸界线的起始点的偏移量，相应的尺寸变量是 DIMEXO。

（5）"隐藏"复选框组：确定是否隐藏尺寸界线。选中"尺寸界线 1"复选框表示隐藏第 1 段尺寸界线，选中"尺寸界线 2"复选框表示隐藏第 2 段尺寸界线。相应的尺寸变量为 DIMSE1 和 DIMSE2。

（6）"固定长度的尺寸界线"复选框：选中该复选框，系统以固定长度的尺寸界线标注尺寸。可以在下面的"长度"微调框中输入长度值。

3. 尺寸样式显示框

在"新建标注样式"对话框的右上方，是一个尺寸样式显示框，该框以样例的形式显示用户设置的尺寸样式。

5.5.3 符号和箭头

在"新建标注样式"对话框中，第 2 个选项卡是"符号和箭头"，如图 5-52 所示。该选项卡用于设置箭头、圆心标记、弧长符号和半径折弯标注等的形式和特性。下面分别进行说明。

图 5-52 "符号和箭头"选项卡

1."箭头"选项组

设置尺寸箭头的形式，AutoCAD 提供了多种多样的箭头形状，列在"第一个"和"第二个"下拉列表框中。另外，还允许用户采用自定义的箭头形状。两个尺寸箭头可以采用相同的形式，也可以采用不同的形式。其中各项的含义如下。

（1）"第一个"下拉列表框：用于设置第 1 个尺寸箭头的形式。可在下拉列表中选择，其中列出了各种箭头形式的名字以及各类箭头的形状。一旦确定了第 1 个箭头的类型，第 2 个箭头则自动与其匹配，要想第 2 个箭头取不同的形状，可在"第二个"下拉列表框中设定。AutoCAD 把第 1 个箭头的类型名存放在尺寸变量 DIMBLK1 中。

（2）"第二个"下拉列表框：确定第 2 个尺寸箭头的形式，可与第 1 个箭头不同。AutoCAD 把第 2 个箭头的名字存在尺寸变量 DIMBLK2 中。

（3）"引线"下拉列表框：确定引线箭头的形式，与"第一个"设置类似。

（4）"箭头大小"微调框：设置箭头的大小，相应的尺寸变量是 DIMASZ。

2."圆心标记"选项组

设置半径标注、直径标注和中心标注中的中心标记和中心线的形式。相应的尺寸变量是 DIMCEN。其中各项的含义如下。

（1）"无"单选按钮：既不产生中心标记，也不产生中心线。这时 DIMCEN 的值为 0。

（2）"标记"单选按钮：中心标记为一个记号。AutoCAD 将标记大小以一个正值存在 DIMCEN 中。

（3）"直线"单选按钮：中心标记采用中心线的形式。AutoCAD 将中心线的大小以一个负值存在 DIMCEN 中。

（4）"大小"微调框：设置中心标记和中心线的大小和粗细。

3."弧长符号"选项组

控制弧长标注中圆弧符号的显示情况。

（1）"标注文字的前缀"单选按钮：将弧长符号放在标注文字的前面，如图 5-53（a）所示。

（2）"标注文字的上方"单选按钮：将弧长符号放在标注文字的上方，如图 5-53（b）所示。

（3）"无"单选按钮：不显示弧长符号，如图 5-53（c）所示。

图 5-53 标注弧长符号

5.5.4 文本

在"新建标注样式"对话框中，第 3 个选项卡是"文字"选项卡，如图 5-54 所示。该选项卡用于设置尺寸文本的形式、位置和对齐方式等。

1."文字外观"选项组

（1）"文字样式"下拉列表框：选择当前尺寸文本采用的文本样式。可在下拉列表中选择一个样式，也可单击右侧的 ... 按钮，打开"文字样式"对话框，以创建新的文字样式或对文字样式进行修改。AutoCAD 将当前文字样式保存在 DIMTXSTY 系统变量中。

图 5-54 "文字"选项卡

（2）"文字颜色"下拉列表框：设置尺寸文本的颜色，其操作方法与设置尺寸线颜色的方法相同。与其对应的尺寸变量是 DIMCLRT。

（3）"文字高度"微调框：设置尺寸文本的字高，相应的尺寸变量是 DIMTXT。如果选用的文字样式中已设置了具体的字高（不是 0），则此处的设置无效；如果文字样式中设置的字高为 0，则以此处的设置为准。

（4）"分数高度比例"微调框：确定尺寸文本的比例系数，相应的尺寸变量是 DIMTFAC。

（5）"绘制文字边框"复选框：选中此复选框，AutoCAD 将在尺寸文本的周围加上边框。

2．"文字位置"选项组

（1）"垂直"下拉列表框：确定尺寸文本相对于尺寸线在垂直方向的对齐方式，相应的尺寸变量是 DIMTAD。在该下拉列表框中可选择的对齐方式有以下 4 种。

① 居中。将尺寸文本放在尺寸线的中间，此时 DIMTAD = 0。

② 上。将尺寸文本放在尺寸线的上方，此时 DIMTAD = 1。

③ 外部。将尺寸文本放在远离第 1 条尺寸界线起点的位置，即和所标注的对象分列于尺寸线的两侧，此时 DIMTAD = 2。

④ JIS。使尺寸文本的放置符合 JIS（日本工业标准）规则，此时 DIMTAD = 3。

上面这几种文本布置方式如图 5-55 所示。

图 5-55 尺寸文本在垂直方向的放置

（2）"水平"下拉列表框：用来确定尺寸文本相对于尺寸线和尺寸界线在水平方向的对齐方式，相应的尺寸变量是 DIMJUST。在下拉列表框中可选择的对齐方式有 5 种：居中、第一条尺寸界线、第二条尺寸界线、第一条尺寸界线上方、第二条尺寸界线上方，如图 5-56 所示。

图 5-56 尺寸文本在水平方向的放置

（3）"从尺寸线偏移"微调框：当尺寸文本放在断开的尺寸线中间时，此微调框用来设置尺寸文本与尺寸线之间的距离（尺寸文本间隙），这个值保存在尺寸变量 DIMGAP 中。

3．"文字对齐"选项组

用来控制尺寸文本排列的方向。当尺寸文本在尺寸界线之内时，与其对应的尺寸变量是 DIMTIH；当尺寸文本在尺寸界线之外时，与其对应的尺寸变量是 DIMTOH。

（1）"水平"单选按钮：尺寸文本沿水平方向放置。无论标注什么方向的尺寸，尺寸文本总保持水平。

（2）"与尺寸线对齐"单选按钮：尺寸文本沿尺寸线方向放置。

（3）"ISO 标准"单选按钮：当尺寸文本在尺寸界线之间时，沿尺寸线方向放置；当尺寸文本在尺寸界线之外时，沿水平方向放置。

5.6 标注尺寸

正确地进行尺寸标注是设计绘图工作中非常重要的一个环节，AutoCAD 2018 提供了方便快捷的尺寸标注方法，可通过执行命令实现，也可利用菜单或工具图标实现。本节重点介绍如何对各种类型的尺寸进行标注。

5.6.1 线性标注

执行方式

命令行：DIMLINEAR（缩写为 DIMLIN）

菜单："标注"→"线性"

工具栏："标注"→"线性" ⊢

功能区：单击"默认"选项卡"注释"面板中的"线性"按钮⊢，或单击"注释"选项卡"标注"面板中的"线性"按钮⊢

操作步骤

命令：DIMLIN ✓
指定第一个尺寸界线原点或 <选择对象>：

选项说明

在此提示下有两种选择，直接按 Enter 键选择要标注的对象或确定尺寸界线的起始点。

（1）直接按 Enter 键：光标变为拾取框，并且在命令行提示如下。

选择标注对象：

用拾取框点取要标注尺寸的线段，命令行提示如下。

指定尺寸线位置或 [多行文字 (M)/文字 (T)/角度 (A)/水平 (H)/垂直 (V)/旋转 (R)]：

各项的含义如下。

① 指定尺寸线位置。确定尺寸线的位置。用户可移动鼠标选择合适的尺寸线位置，然后按 Enter 键或单击鼠标左键，AutoCAD 将自动测量所标注线段的长度并标注出相应的尺寸。

② 多行文字（M）。用多行文字编辑器确定尺寸文本。

③ 文字（T）。在命令行提示下输入或编辑尺寸文本。选择此选项后，命令行提示如下。

输入标注文字 <默认值>：

其中的默认值是 AutoCAD 自动测量得到的被标注线段的长度，直接按 Enter 键即可采用此长度值，也可输入其他数值代替默认值。当尺寸文本中包含默认值时，可使用尖括号"<>"表示默认值。

④ 角度（A）。确定尺寸文本的倾斜角度。

⑤ 水平（H）。水平标注尺寸，无论标注什么方向的线段，尺寸线均水平放置。

⑥ 垂直（V）。垂直标注尺寸，无论被标注线段沿什么方向，尺寸线总保持垂直。

⑦ 旋转（R）。输入尺寸线旋转的角度值，旋转标注尺寸。

（2）指定第一条尺寸界线原点：指定第 1 条与第 2 条尺寸界线的起始点。

5.6.2 对齐标注

执行方式

命令行：DIMALIGNED

菜单："标注"→"对齐"

工具栏："标注"→"对齐" ↘

功能区：单击"默认"选项卡"注释"面板中的"对齐"按钮↘，或单击"注释"选项卡"标注"面板中的"已对齐"按钮↘

操作步骤

命令：DIMALIGNED ✓
指定第一个尺寸界线原点或 <选择对象>：

该命令标注的尺寸线与所标注轮廓线平行，标注的是起始点到终点之间的距离尺寸。

5.6.3 | 基线标注

基线标注用于产生一系列基于同一条尺寸界线的尺寸标注，适用于长度尺寸标注、角度标注和坐标标注等。在使用基线标注之前，应该先标注出一个相关的尺寸。

执行方式

命令行：DIMBASELINE

菜单："标注"→"基线"

工具栏："标注"→"基线" ⊟

功能区：单击"注释"选项卡"标注"面板中的"基线"按钮 ⊟

操作步骤

命令：DIMBASELINE ✓
指定第二个尺寸界线原点或 ［放弃 (U) / 选择 (S)］
＜选择＞：

选项说明

（1）指定第二条尺寸界线原点：直接确定另一个尺寸的第 2 条尺寸界线的起点，AutoCAD 以上次标注的尺寸为基准标注出相应尺寸。

（2）＜选择＞：在上述提示下直接按 Enter 键，命令行提示如下。

选择基准标注：（选择作为基准的尺寸标注）
基线标注的效果如图 5-57 所示。

图 5-57 基线标注

5.6.4 | 连续标注

连续标注又叫尺寸链标注，用于产生一系列连续的尺寸标注，后一个尺寸标注均把前一个标注的第 2 条尺寸界线作为它的第 1 条尺寸界线。适用于长度尺寸标注、角度标注和坐标标注等。在使用连续标注之前，应该先标注出一个相关的尺寸。

执行方式

命令行：DIMCONTINUE

菜单："标注"→"连续"

工具栏："标注"→"连续" ⊞

功能区：单击"注释"选项卡"标注"面板中的"连续"按钮 ⊞

操作步骤

命令：DIMCONTINUE ✓
指定第二个尺寸界线原点或 ［放弃 (U) / 选择 (S)］
＜选择＞：

此提示下的各选项与基线标注中的完全相同，不再赘述。

连续标注的效果如图 5-58 所示。

图 5-58 连续标注

5.7 引线标注

AutoCAD 提供了引线标注功能，利用该功能不仅可以标注特定的尺寸，如圆角、倒角等，还可以在图中添加多行旁注、说明。在引线标注中，指引线可以是折线，也可以是曲线，指引线端部可以有箭头，也可以没有箭头。

5.7.1 利用 LEADER 命令进行引线标注

LEADER 命令可以创建灵活多样的引线标注形式，用户可根据需要把指引线设置为折线或曲线；指引线可带箭头，或不带箭头；注释文本可以是多行文本，也可以是形位公差，或是从图形其他部位复制的部分图形，还可以是一个图块。

执行方式

命令行：LEADER

操作步骤

命令：LEADER ✓
指定引线起点：（输入指引线的起始点）
指定下一点：（输入指引线的另一点）

AutoCAD 由上面两点画出指引线并继续提示：

指定下一点或 [注释 (A) / 格式 (F) / 放弃 (U)] <注释>：

选项说明

（1）指定下一点：直接输入一点，AutoCAD 根据前面的点画出折线作为指引线。

（2）<注释>：输入注释文本，为默认选项。在上面提示下直接按 Enter 键，命令行提示如下。

输入注释文字的第一行或 <选项>：

① 输入注释文本。

在此提示下输入第 1 行文本后按 Enter 键，用户可继续输入第 2 行文本，如此反复执行，直到输入全部注释文本，然后在此提示下直接按 Enter 键，AutoCAD 会在指引线终端标注出所输入的多行文本，并结束 LEADER 命令。

② <选项>。

此项为默认选项，如果在上面的提示下直接按 Enter 键，AutoCAD 将提示：

输入注释选项 [公差 (T) / 副本 (C) / 块 (B) / 无 (N) / 多行文字 (M)] <多行文字>：

在此提示下选择一个注释选项或直接按 Enter 键，即选择"多行文字"选项。下面介绍其中各选项的含义。

● 副本 (C)：把已由 LEADER 命令创建的注释复制到当前指引线的末端。选择该选项，命令行提示如下。

选择要复制的对象：

在此提示下选择一个已创建的注释文本，AutoCAD 将把它复制到当前指引线的末端。

● 块 (B)：插入块，把已经定义好的图块插入到指引线的末端。选择该选项，命令行提示如下。

输入块名或 [?]：

在此提示下输入一个已定义好的图块名，AutoCAD 把该图块插入到指引线的末端；或通过输入"?"列出当前已有图块，用户可从中选择。

● 无 (N)：不进行注释，没有注释文本。

● <多行文字>：用多行文字编辑器标注注释文本并设置文本格式，为默认选项。

（3）格式 (F)：确定指引线的形式。选择该项，命令行提示如下。

输入引线格式选项 [样条曲线 (S) / 直线 (ST) / 箭头 (A) / 无 (N)] <退出>：（选择指引线形式，或直接按 Enter 键回到上一级提示）

● 样条曲线 (S)：设置指引线为样条曲线。

● 直线 (ST)：设置指引线为直线。

● 箭头 (A)：在指引线的起始位置画箭头。

● 无 (N)：不在指引线的起始位置画箭头。

● <退出>：此项为默认选项，选择该项，退出"格式"选项，返回"指定下一点或 [注释 (A)/ 格式 (F)/ 放弃 (U)] <注释>"提示，并且按默认方式设置指引线形式。

5.7.2 利用 QLEADER 命令进行引线标注

利用 QLEADER 命令可快速生成指引线及注释，而且可以通过命令行优化对话框，进行用户自定义，由此可以消除不必要的命令行提示，取得更高的工作效率。

执行方式

命令行：QLEADER

操作步骤

命令：QLEADER ✓
指定第一个引线点或 [设置 (S)] <设置>：

选项说明

（1）指定第一个引线点：在上面的提示下确定一点作为指引线的第 1 点，命令行提示如下。

指定下一点：（输入指引线的第 2 点）
指定下一点：（输入指引线的第 3 点）

AutoCAD 提示用户输入的点的数目由"引线设置"对话框确定，如图 5-59 所示。输入完指引线的点后，命令行提示如下。

图 5-59 "引线设置"对话框

指定文字宽度 <0.0000>：（输入多行文本的宽度）
输入注释文字的第一行 < 多行文字 (M)>：
此时，有两种命令输入选择。

① 输入注释文字的第 1 行。

在命令行输入第 1 行文本，系统继续提示：

输入注释文字的下一行：（输入另一行文本）
输入注释文字的下一行：（输入另一行文本或按
Enter 键）

② < 多行文字（M）>。打开多行文字编辑器，输入、编辑多行文字。

输入全部注释文本后，在此提示下直接按 Enter 键，AutoCAD 结束 QLEADER 命令并把多行文字标注在指引线的末端附近。

（2）< 设置 >：在上面提示下直接按 Enter 键或输入 S，AutoCAD 将打开如图 5-59 所示的"引线设置"对话框，允许对引线标注进行设置。该对话框包含"注释""引线和箭头"和"附着"3 个选项卡，下面分别进行介绍。

① "注释"选项卡（见图 5-59）。用于设置引线标注中注释文本的类型、多行文本的格式，并确定注释文本是否多次使用。

② "引线和箭头"选项卡（见图 5-60）。用来设置引线标注中指引线和箭头的形式。

图 5-60 "引线和箭头"选项卡

其中，"点数"选项组设置执行 QLEADER 命令时，AutoCAD 会提示用户输入设置的点的数目。例如，设置点数为 3，执行 QLEADER 命令时，当用户在提示下指定 3 个点后，AutoCAD 自动提示用户输入注释文本。注意：设置的点数要比用户希望的指引线的段数多 1。可利用微调框进行设置，如果选中"无限制"复选框，AutoCAD 会一直提示用户输入点，直到连续按两次 Enter 键为止。"角度约束"选项组设置"第一段"和"第二段"指引线的角度约束。

③ "附着"选项卡（见图 5-61）。设置注释文本和指引线的相对位置。

图 5-61 "附着"选项卡

如果最后一段指引线指向右边，AutoCAD 自动把注释文本放在右侧；如果最后一段指引线指向左边，AutoCAD 自动把注释文本放在左侧。利用该选项卡中左侧和右侧的单选按钮，分别设置位于左侧和右侧的注释文本与最后一段指引线的相对位置，二者可相同也可不同。

5.8 上机实验

【实验 1】绘制三相电机简图

1. 目的要求

绘制如图 5-62 所示的三相电机简图。

2. 操作提示

（1）单击"默认"选项卡"图层"面板中的"图层特性"按钮，设置两个图层。

（2）单击"默认"选项卡"绘图"面板中的"直线"按钮和"圆"按钮，绘制各部分。

图 5-62 三相电机简图

（3）单击"默认"选项卡"注释"面板中的"多行文字"按钮，标注文字。

【实验 2】绘制 A3 幅面标题栏

1. 目的要求

绘制如图 5-63 所示的 A3 幅面标题栏。

2. 操作提示

（1）设置表格样式。

（2）插入空表格，并调整列宽。

（3）输入文字和数据。

图 5-63 A3 幅面的标题栏

5.9 思考与练习

1. 绘制如图 5-64 所示的局部电气图。

环网柜引来高压电缆
YJV-10kV-3×120mm²
R≤4Ω
1#SC9-1600kVA-10/0.4

图 5-64 局部电气图

2. 绘制如图 5-65 所示的电气元件表。

配电柜编号	1P1	1P2	1P3	1P4	1P5
配电柜型号	GCK	GCK	GCJ	GCJ	GCK
配电柜柜宽	1000	1800	1000	1000	1000
配电柜用途	计量进线	干式稳压器	电容补偿柜	电容补偿柜	馈电柜
主要元件 隔离开关			QSA-630/3	QSA-630/3	
主要元件 断路器	AE-3200A/4P	AE-3200A/3F	CJ20-63/3	CJ20-63/3	AE-1600AX2
主要元件 电流互感器	3×LMZ2-0.66-2500/5 4×LMZ2-0.66-3000/5	3×LMZ2-0.66-3000/5	3×LMZ2-0.66-500/5	3×LMZ2-0.66-500/5	6×LMZ2-0.66-1500/5
主要元件 仪表规格	DTF-224 1块 6L2-A×3 DXF-226 2块 6L2-Ф×1	6L2-A×3	6L2-A×3 6L2-COSΦ	6L2-A×3	6L2-A
负荷名称/容量	SC9-1600kVA	1600kVA	12×30=360kVAR	12×30=360kVAR	
母线及进出线电缆	母线槽FCM-A-3150A		配十二步自动投切	与主柜联动	

图 5-65 电气元件表

3. AutoCAD 中尺寸标注的类型有哪些？

4. 什么是标注样式？简述标注样式的作用。

5. 如何设置尺寸线的间距、尺寸界线的超出量和尺寸文本的方向？

第6章

二维编辑命令

二维图形编辑操作配合绘图命令的使用可以进一步完成复杂图形对象的绘制工作，并可使用户合理安排和组织图形，保证作图准确，减少重复。熟练掌握和使用编辑命令有助于提高设计和绘图的效率。

重点与难点

- 选择对象
- 删除及恢复命令
- 复制类命令
- 改变位置和几何特性类命令
- 对象特性修改命令

6.1 选择对象

AutoCAD 2018 提供两种途径编辑图形。

（1）先执行编辑命令，然后选择要编辑的对象。

（2）先选择要编辑的对象，然后执行编辑命令。

这两种途径的执行效果是相同的。但选择对象是进行编辑的前提。AutoCAD 2018 提供了多种对象选择方法，如点取方法、用选择窗口选择对象、用选择线选择对象、用对话框选择对象等。AutoCAD 2018 可以把选择的多个对象组成整体，如选择集和对象组，可进行整体编辑与修改。

选择集可以仅由一个图形对象构成，也可以是一个复杂的对象组，如位于某一特定层上具有某种特定颜色的一组对象。选择集的构造可以在利用编辑命令之前或之后。

AutoCAD 2018 提供以下几种方法构造选择集。

（1）先选择一个编辑命令，然后选择对象，按 Enter 键结束操作。

（2）使用 SELECT 命令。在命令提示行输入 SELECT，然后根据出现的提示选择对象，按 Enter 键结束。

（3）用点取设备选择对象，然后利用编辑命令。

（4）定义对象组。

无论使用哪种方法，AutoCAD 2018 都将提示用户选择对象，并且光标的形状由十字光标变为拾取框。此时，可以用下面介绍的方法选择对象。

下面结合 SELECT 命令说明选择对象的方法。

SELECT 命令可以单独使用，也可以在执行其他编辑命令时被自动利用。此时屏幕提示：

选择对象：
等待用户以某种方式选择对象。AutoCAD 2018 提供多种选择方式，可以输入"？"，查看这些选择方式。
输入"？"后，出现如下提示。
需要点或窗口(W)/上一个(L)/窗交(C)/框(BOX)/全部(ALL)/栏选(F)/圈围(WP)/圈交(CP)/编组(G)/添加(A)/删除(R)/多个(M)/前一个(P)/放弃(U)/自动(AU)/单个(SI)/子对象(SU)/对象(O)选择对象：
部分选项含义如下。

（1）窗口（W）：用由两个对角顶点确定的矩形

窗口选择位于其范围内部的所有图形，与边界相交的对象不会被选中。指定对角顶点时应该按照从左向右的顺序，如图 6-1 所示。

图中阴影覆盖为选择框　　　　选择后的图形

图 6-1　"窗口"对象选择方式

（2）窗交（C）：该方式与上述"窗口"方式类似，但"窗交"方式不但选择矩形窗口内部的对象，也选中与矩形窗口边界相交的对象。选择的对象如图 6-2 所示。

图中阴影部分所指为选择框　　　　选择后的图形

图 6-2　"窗交"对象选择方式

（3）框（BOX）：使用时，系统根据用户在屏幕上给出的两个对角点的位置而自动引用"窗口"或"窗交"选择方式。若从左向右指定对角点，为"窗口"方式；反之，则为"窗交"方式。

（4）栏选（F）：用户临时绘制一些直线，这些直线不必构成封闭图形，凡是与这些直线相交的对象均被选中。执行结果如图 6-3 所示。

图中虚线为选择栏　　　　**选择后的图形**

图6-3 "栏选"对象选择方式

（5）圈围（WP）：使用一个不规则的多边形来选择对象。根据提示，用户顺次输入构成多边形所有顶点的坐标，直到最后按 Enter 键做出空回答，结束操作，系统将自动连接第 1 个顶点与最后一个顶点形成封闭的多边形。凡是被多边形围

住的对象均被选中（不包括边界）。执行结果如图6-4 所示。

图中十字线所拉出多边形为选择框　　　**选择后的图形**

图6-4 "圈围"对象选择方式

（6）添加（A）：添加下一个对象到选择集。也可用于从移走模式（Remove）到选择模式的切换。

6.2　删除及恢复命令

这一类命令主要用于删除图形的某部分或对已被删除的部分进行恢复。包括删除、回退、重做和清除等命令。

6.2.1　"删除"命令

如果所绘制的图形不符合要求或不小心错绘了图形，可以使用"删除"命令 ERASE 把它删除。

执行方式

命令行：ERASE

菜单："修改"→"删除"

工具栏："修改"→"删除" ✎

功能区：单击"默认"选项卡"修改"面板中的"删除"按钮 ✎

快捷菜单：选择要删除的对象，在绘图区域右击鼠标，从打开的快捷菜单中选择"删除"命令

操作步骤

命令：ERASE ✓

可以先选择对象，然后利用"删除"命令，也可以先利用"删除"命令，然后再选择对象。选择对象时可以使用前面介绍的对象选择的各种方法。

当选择多个对象时，多个对象都被删除；若选择的对象属于某个对象组，则该对象组的所有对象都被删除。

6.2.2　"恢复"命令

若不小心误删了图形，可以使用"恢复"命令 OOPS，恢复误删的对象。

执行方式

命令行：OOPS 或 U

工具栏："标准"→"放弃" ↺

快捷键：Ctrl+Z

操作步骤

命令：OOPS ✓（或 U ✓）

在命令窗口的提示行上输入 OOPS，按 Enter 键。

6.3 复制类命令

本节详细介绍 AutoCAD 2018 的复制类命令。利用它们的编辑功能，可以方便地编辑绘制的图形。

6.3.1 "复制"命令

执行方式

命令行：COPY

菜单："修改"→"复制"

工具栏："修改"→"复制"🖧

功能区：单击"默认"选项卡"修改"面板中的"复制"按钮🖧

快捷菜单：选择复制的对象，在绘图区域右击鼠标，从打开的快捷菜单上选择"复制选择"命令

操作步骤

选择对象：（选择要复制的对象）
选择对象：✓
当前设置：复制模式 = 多个
指定基点或 [位移 (D) / 模式 (O)] <位移>：（指定基点或位移）
指定第二个点或 [阵列 (A)] <使用第一个点作为位移>：
指定第二个点或 [阵列 (A) / 退出 (E) / 放弃 (U)] <退出>：

选项说明

（1）指定基点：指定一个坐标点后，AutoCAD 2018 将其作为复制对象的基点，并提示：

指定位移的第二点或 <用第一点作位移>：

指定第 2 个点后，系统将根据这两点确定的位移矢量把选择的对象复制到第 2 点处。如果此时直接按 Enter 键，即选择默认的"用第一点作位移"，则第一个点被当作相对于 X、Y、Z 的位移。如指定基点为 (2,3) 并在下一个提示下按 Enter 键，则该对象从它当前的位置开始在 X 方向上移动 2 个单位，在 Y 方向上移动 3 个单位。复制完成后，系统会继续提示：

指定位移的第二点：

这时，可以不断指定新的第 2 点，从而实现多重复制。

（2）位移：直接输入位移值，表示以选择对象时的拾取点为基准，以拾取点坐标为移动方向纵横比移动指定位移后确定的点为基点。如选择对象时拾取点坐标为 (2,3)，输入位移为 5，则表示以 (2,3) 点为基准，沿纵横比为 3:2 的方向移动 5 个单位所确定的点为基点。

（3）模式：控制是否自动重复该命令。

6.3.2 实例——绘制三相变压器

下面绘制如图 6-5 所示的三相变压器符号。

图 6-5　三相变压器符号

STEP 绘制步骤

❶ 单击"默认"选项卡"绘图"面板中的"圆"按钮⊘和"直线"按钮╱，绘制一个圆和 3 条共端点直线，尺寸适当指定。利用对象捕捉功能捕捉 3 条直线的共同端点为圆心，如图 6-6 所示。

图 6-6　绘制圆和直线

❷ 单击"默认"选项卡"修改"面板中的"复制"按钮🖧，命令行提示与操作如下。

命令：_copy
选择对象：（选择刚绘制的图形）
选择对象：✓
当前设置：复制模式 = 多个

指定基点或 ［位移 (D) ／模式 (O)］ ＜位移＞：
指定第二个点或 ［阵列 (A)］ ＜使用第一个点作为位移＞：（适当指定一点）
指定第二个点或 ［阵列 (A) ／退出 (E) ／放弃 (U)］ ＜退出＞：（在正下方适当位置指定一点，如图 6-7 所示）
指定第二个点或 ［阵列 (A) ／退出 (E) ／放弃 (U)］ ＜退出＞：✓

结果如图 6-8 所示。

图 6-7 指定第 2 点

图 6-8 复制对象

❸ 结合"正交模式"和"对象捕捉"功能，单击"默认"选项卡"绘图"面板中的"直线"按钮 ✐，绘制 6 条竖直直线。最终结果如图 6-5 所示。

6.3.3 "镜像"命令

镜像对象是指把选择的对象围绕一条镜像线作对称复制。镜像操作完成后，可以保留源对象，也可以将其删除。

执行方式

命令行：MIRROR
菜单："修改"→"镜像"
工具栏："修改"→"镜像" ⚠
功能区：单击"默认"选项卡"修改"面板中的"镜像"按钮⚠

操作步骤

命令：MIRROR ✓
选择对象：（选择要镜像的对象）

指定镜像线的第一点：（指定镜像线的第 1 个点）
指定镜像线的第二点：（指定镜像线的第 2 个点）
要删除源对象吗？［是 (Y) ／否 (N)］ ＜N＞：（确定是否删除源对象）

这两点确定一条镜像线，被选择的对象以该线为对称轴进行镜像。包含该线的镜像平面与用户坐标系统的 XY 平面垂直，即镜像操作工作在与用户坐标系统的 XY 平面平行的平面上。

6.3.4 实例——绘制二极管

下面绘制如图 6-9 所示的二极管。

图 6-9 二极管

扫一扫

STEP 绘制步骤

❶ 绘制直线。单击"默认"选项卡"绘图"面板中的"直线"按钮 ✐，采用相对或者绝对输入方式，绘制一系列适当长度的直线，如图 6-10 所示。

图 6-10 绘制直线

❷ 镜像图形。单击"默认"选项卡"修改"面板中的"镜像"按钮⚠，将绘制的多段线，以水平直线为轴进行镜像，生成二极管符号。命令行提示与操作如下：

命令：MIRROR ✓
选择对象：（选择水平直线上的线段）
指定镜像线的第一点：（指定水平直线上的一点）
指定镜像线的第二点：（指定水平直线上的另一点）
要删除源对象吗？［是 (Y) ／否 (N)］ ＜N＞：✓

结果如图 6-9 所示。

6.3.5 "偏移"命令

偏移对象是指保持选择的对象的形状，在不同的位置以不同的尺寸大小新建一个对象。

执行方式

命令行：OFFSET

菜单："修改"→"偏移"

工具栏："修改"→"偏移"📐

功能区：单击"默认"选项卡"修改"面板中的"偏移"按钮📐

操作步骤

命令： OFFSET ✓
当前设置：删除源 = 否　图层 = 源
OFFSETGAPTYPE=0
指定偏移距离或 [通过 (T)/删除 (E)/图层 (L)]
< 通过 >：(指定距离值)
选择要偏移的对象，或 [退出 (E)/放弃 (U)] <
退出 >：(选择要偏移的对象。按 Enter 键结束操作)
指定要偏移的那一侧上的点，或 [退出 (E)/多个
(M)/放弃 (U)] < 退出 >：(指定偏移方向)

选项说明

（1）指定偏移距离：输入一个距离值，或按
Enter 键，系统把该距离值作为偏移距离，如图 6-11
所示。

偏移距离　　选择要偏移的对象　　选中的对象　　指定偏移方向　　执行结果

图 6-11　指定距离偏移对象

（2）通过（T）：指定偏移的通过点。选择该选
项后出现如下提示：

选择要偏移的对象，或 [退出 (E)/放弃 (U)] <
退出 >：(选择要偏移的对象。按 Enter 键结束操作)
指定通过点或 [退出 (E)/多个 (M)/放弃 (U)] <
退出 >：(指定偏移对象的一个通过点)

操作完毕后系统根据指定的通过点绘出偏移对
象，如图 6-12 所示。

要偏移的对象　　指定通过点　　执行结果

图 6-12　指定通过点偏移对象

（3）删除（E）：偏移源对象后将其删除，选择
该选项后会出现如下提示：

要在偏移后删除源对象吗？[是 (Y)/否 (N)]< 当
前 >：

（4）图层（L）：确定将偏移对象创建在当前图

层上还是源对象所在的图层上。选择该选项后会出
现如下提示：

输入偏移对象的图层选项 [当前 (C)/源 (S)] <
当前 >：

6.3.6 | 实例——绘制手动三级开关

下面绘制如图 6-13 所示的手动三级开关。

扫一扫

图 6-13　手动三级开关

STEP　绘制步骤

❶ 结合"正交模式"和"对象追踪"功能，单
击"默认"选项卡"绘图"面板中的"直线"按钮
╱，绘制三条直线，完成开关的一级的绘制，如图
6-14 所示。

图 6-14　绘制直线

❷ 单击"默认"选项卡"修改"面板中的"偏
移"按钮📐，命令行提示与操作如下。

命令： _offset
当前设置：删除源 = 否　图层 = 源
OFFSETGAPTYPE=0
指定偏移距离或 [通过 (T)/删除 (E)/图层 (L)]
< 通过 >：(在适当位置指定一点，如图 6-15 点 1)
指定第二点：(水平向右适当距离指定一点，如图 6-15
点 2)
选择要偏移的对象，或 [退出 (E)/放弃 (U)] <
退出 >：(选择一条竖直直线)

指定要偏移的那一侧上的点，或 ［退出 (E)／多个 (M)／放弃 (U)］＜退出＞:（向右指定一点）
选择要偏移的对象，或 ［退出 (E)／放弃 (U)］＜退出＞:（指定另一条竖线）
指定要偏移的那一侧上的点，或 ［退出 (E)／多个 (M)／放弃 (U)］＜退出＞:（向右指定一点）
选择要偏移的对象，或 ［退出 (E)／放弃 (U)］＜退出＞:↙

结果如图 6-16 所示。

图 6-15　指定偏移距离

图 6-16　偏移结果

注意　偏移是将对象按指定的距离沿对象的垂直或法线方向进行复制，在本例中，如果采用上面设置相同的距离将斜线进行偏移，就会得到如图 6-17 所示的结果，与我们设想的结果不一样，这是初学者应该注意的地方。

图 6-17　偏移斜线

❸ 单击"默认"选项卡"修改"面板中的"偏移"按钮，绘制第 3 级开关的竖线，具体操作方

法与上面相同，只是在系统中提示:

指定偏移距离或 ［通过 (T)／删除 (E)／图层 (L)］＜190.4771＞:

直接按 Enter 键，接受上一次偏移指定的偏移距离为本次偏移的默认距离，结果如图 6-18 所示。

图 6-18　完成偏移

❹ 单击"默认"选项卡"修改"面板中的"复制"按钮，复制斜线，捕捉基点和目标点分别为对应的竖线端点，结果如图 6-19 所示。

图 6-19　复制斜线

❺ 单击"默认"选项卡"绘图"面板中的"直线"按钮，结合"对象捕捉"功能绘制一条竖直线和一条水平线，结果如图 6-20 所示。将水平直线的图线由实线改为虚线。

图 6-20　绘制直线

❻ 单击"默认"选项卡"图层"面板中的"图层特性"按钮，打开"图层特性管理器"对话框，

如图 6-21 所示，双击 0 层下的 Continuous 线型，打开"选择线型"对话框，如图 6-22 所示，单击"加载"按钮，打开"加载或重载线型"对话框，选择其中的 ACAD_ISO02W100 线型，如图 6-23 所示，单击"确定"按钮，返回"选择线型"对话框，再次单击"确定"按钮，返回"图层特性管理器"对话框，最后单击"确定"按钮退出。

图 6-21　"图层特性管理器"对话框

图 6-22　"选择线型"对话框

图 6-23　"加载或重载线型"对话框

❼ 选择上面绘制的水平直线，双击鼠标，系统打开"特性"工具面板，在"线型"下拉列表框中选择刚加载的 ACAD_ISO02W100 线型，在"线型比例"文本框中将线型比例改为 3，如图 6-24 所示，关闭"特性"工具面板，可以看到，水平直线的线型已经改为虚线，最终结果如图 6-13 所示。

图 6-24　"特性"工具面板

6.3.7 ｜ "阵列"命令

建立阵列是指多重复制选择的对象，并把这些副本按矩形或环形排列。把副本按矩形排列称为建立矩形阵列，把副本按环形排列称为建立极阵列。建立极阵列时，应该控制复制对象的次数和对象是否被旋转；建立矩形阵列时，应该控制行和列的数量以及对象副本之间的距离。

AutoCAD 2018 提供 ARRAY 命令建立阵列。用该命令可以建立矩形阵列、极阵列（环形）和路径阵列。

执行方式

命令行：ARRAY

菜单："修改"→"阵列"→"矩形阵列"/"路径阵列"/"环形阵列"

工具栏："修改"→"矩形阵列"、"修改"→"路径阵列"、"修改"→"环形阵列"

功能区：单击"默认"选项卡"修改"面板中的"矩形阵列"按钮/"路径阵列"按钮/"环形阵列"按钮

操作步骤

命令：ARRAY ✓

执行上述命令后，在下拉列表中选择所需的"阵列"命令。

选项说明

（1）矩形(R)（命令行：ARRAYRECT）：将选定对象的副本分布到行数、列数和层数的任意组合。通过夹点，调整阵列间距、列数、行数和层数；也可以分别选择各选项输入数值。

（2）极轴(PO)：在绕中心点或旋转轴的环形阵列中均匀分布对象副本。选择该选项后出现如下提示。

> 指定阵列的中心点或 [基点(B)/旋转轴(A)]：（选择中心点、基点或旋转轴）
> 选择夹点以编辑阵列或 [关联(AS)/基点(B)/项目(I)/项目间角度(A)/填充角度(F)/行(ROW)/层(L)/旋转项目(ROT)/退出(X)]＜退出＞：（通过夹点，调整角度，填充角度；也可以分别选择各选项输入数值）

（3）路径(PA)（命令行：ARRAYPATH）：沿路径或部分路径均匀分布选定对象的副本。选择该选项后出现如下提示。

> 选择路径曲线：（选择一条曲线作为阵列路径）
> 选择夹点以编辑阵列或 [关联(AS)/方法(M)/基点(B)/切向(T)/项目(I)/行(R)/层(L)/对齐项目(A)/Z方向(Z)/退出(X)]＜退出＞：（通过夹点，调整阵列行数和层数；也可以分别选择各选项输入数值）

6.3.8 实例——绘制多级插头插座

下面绘制如图6-25所示的多级插头插座。

图6-25 多级插头插座

STEP 绘制步骤

❶ 单击"默认"选项卡"绘图"面板中的"圆弧"按钮、"直线"按钮和"矩形"按钮，

绘制如图6-26所示的图形。

图6-26 初步绘制图线

> **注意** 利用"正交模式""对象捕捉"和"对象追踪"等工具准确绘制图线，应保持相应端点对齐。

❷ 单击"默认"选项卡"绘图"面板中的"图案填充"按钮，对矩形进行填充，如图6-27所示。

图6-27 图案填充

❸ 参照前面的方法将两条水平直线的线型改为虚线，如图6-28所示。

图6-28 修改线型

❹ 单击"默认"选项卡"修改"面板中的"矩形阵列"按钮，设置"行数"为1，"列数"为6，命令行提示与操作如下。

```
命令：_arrayrect
```

选择对象：找到 4 个
选择对象：
类型 = 矩形　关联 = 否
选择夹点以编辑阵列或 ［关联 (AS) / 基点 (B) / 计数 (COU) / 间距 (S) / 列数 (COL) / 行数 (R) / 层数 (L) / 退出 (X)］＜退出＞：r
输入行数数或 ［表达式 (E)］＜3＞：1
指定 行数 之间的距离或 ［总计 (T) / 表达式 (E)］＜376.6585＞：↙
指定 行数 之间的标高增量或 ［表达式 (E)］＜0＞：
选择夹点以编辑阵列或 ［关联 (AS) / 基点 (B) / 计数 (COU) / 间距 (S) / 列数 (COL) / 行数 (R) / 层数 (L) / 退出 (X)］＜退出＞：col
输入列数数或 ［表达式 (E)］＜4＞：6
指定 列数 之间的距离或 ［总计 (T) / 表达式 (E)］＜239.9986＞：（指定上面水平虚线的左端点到指定上面水平虚线的右端点为阵列间距，如图 6-29 所示）
选择夹点以编辑阵列或 ［关联 (AS) / 基点 (B) / 计数 (COU) / 间距 (S) / 列数 (COL) / 行数 (R) / 层数 (L) / 退出 (X)］＜退出＞：

图 6-29　指定偏移距离

矩形阵列结果如图 6-30 所示。

图 6-30　阵列结果

❺ 将图 6-30 最右边两条水平虚线删掉，最终结果如图 6-25 所示。

6.4　改变位置类命令

这一类编辑命令的功能是按照指定要求改变当前图形或图形的某部分的位置，主要包括"移动""旋转"和"缩放"等命令。

6.4.1　"移动"命令

执行方式

命令行：MOVE

菜单："修改"→"移动"

工具栏："修改"→"移动" ✛

功能区：单击"默认"选项卡"修改"面板中的"移动"按钮✛

快捷菜单：选择要复制的对象，在绘图区域右击鼠标，从打开的快捷菜单中选择"移动"命令

操作步骤

命令：MOVE ↙
选择对象：（选择对象）
指定基点或 ［位移 (D)］＜位移＞：（指定基点或移至点）
指定第二个点或 ＜使用第一个点作为位移＞：

各选项功能与 COPY 命令相关选项功能相同。所不同的是，对象被移动后，原位置处的对象消失。

6.4.2　"旋转"命令

执行方式

命令行：ROTATE

菜单："修改"→"旋转"

工具栏："修改"→"旋转" ◯

功能区：单击"默认"选项卡"修改"面板中的"旋转"按钮◯

快捷菜单：选择要旋转的对象，在绘图区域右击鼠标，从打开的快捷菜单中选择"旋转"命令

操作步骤

命令：ROTATE ↙

UCS 当前的正角方向：ANGDIR= 逆时针
ANGBASE=0
选择对象：（选择要旋转的对象）
指定基点：（指定旋转的基点，在对象内部指定一个坐标点）
指定旋转角度，或 ［复制（C）/ 参照（R）］<0>：（指定旋转角度或其他选项）

选项说明

（1）复制（C）：选择该项，旋转对象同时，保留原对象，如图 6-31 所示。

旋转前　　　　　　　　　旋转后
图6-31　复制旋转

（2）参照（R）：采用参考方式旋转对象时，命令行提示如下。

指定参照角 <0>：（指定要参考的角度，默认值为 0）
指定新角度：（输入旋转后的角度值）
操作完毕后，对象被旋转至指定的角度位置。

> **注意** 可以用拖动鼠标的方法旋转对象。选择对象并指定基点后，从基点到当前光标位置会出现一条连线，移动鼠标，选择的对象会动态地随着该连线与水平方向的夹角的变化而旋转，按 **Enter** 键会确认旋转操作。

6.4.3 | 实例——绘制熔断器隔离开关

下面绘制如图 6-32 所示的熔断器隔离开关。

图6-32　熔断器隔离开关

STEP 绘制步骤

❶ 单击"默认"选项卡"绘图"面板中的"直线"按钮 ╱，绘制一条水平线段和 3 条首尾相连的竖直线段，其中上面两条竖直线段以水平线段为分界点，下面两条竖直线段以图 6-33 所示点 1 为分界点。

图6-33　绘制线段

> **注意** 这里绘制的 3 条首尾相连的竖直线段不能用一条线段代替，否则后面无法操作。

❷ 单击"默认"选项卡"绘图"面板中的"矩形"按钮 □，绘制一个穿过中间竖直线段的矩形，如图 6-34 所示。

图6-34　绘制矩形

❸ 单击"默认"选项卡"修改"面板中的"旋转"按钮 ⟳，命令行提示与操作如下。

命令：_rotate
UCS 当前的正角方向：ANGDIR= 逆时针
ANGBASE=0
选择对象：（选择矩形和中间竖直线段）
选择对象：✓
指定基点：（捕捉图 6-33 中的点 1）
指定旋转角度，或 ［复制（C）/ 参照（R）］<0>：（拖动鼠标，系统自动指定旋转角度垂直于基点与鼠标所在位置点连线，如图 6-35 所示）

图 6-35 指定旋转角度

6.4.4 "缩放"命令

执行方式

命令行：SCALE

菜单："修改"→"缩放"

工具栏："修改"→"缩放" 🔲

功能区：单击"默认"选项卡"修改"面板中的"缩放"按钮🔲

快捷菜单：选择要缩放的对象，在绘图区域右击鼠标，从打开的快捷菜单中选择"缩放"命令

操作步骤

命令：SCALE ✓
选择对象：（选择要缩放的对象）
指定基点：（指定缩放操作的基点）

指定比例因子或 [复制 (C) / 参照 (R)] <1.0000>:

选项说明

（1）采用参考方向缩放对象时。系统提示：

指定参照长度 <1>:（指定参考长度值）
指定新的长度或 [点 (P)] <1.0000>:（指定新长度值）

若新长度值大于参考长度值，则放大对象；否则，缩小对象。操作完毕后，系统以指定的基点按指定的比例因子缩放对象。如果选择"点（P）"选项，则指定两点来定义新的长度。

（2）可以用拖动鼠标的方法缩放对象。选择对象并指定基点后，从基点到当前光标位置会出现一条连线，线段的长度即为比例大小。移动鼠标，选择的对象会动态地随着该连线长度的变化而缩放，按 Enter 键确认缩放操作。

（3）选择"复制（C）"选项时，可以复制缩放对象，即缩放对象时，保留原对象，如图6-36所示。

缩放前 　　　　　　缩放后

图 6-36　复制缩放

6.5 改变几何特性类命令

这一类编辑命令在对指定对象进行编辑后，使编辑对象的几何特性发生改变。包括倒角、圆角、断开、修剪、延长、加长和伸展等命令。

6.5.1 "修剪"命令

执行方式

命令行：TRIM

菜单："修改"→"修剪"

工具栏："修改"→"修剪" ⊹

功能区：单击"默认"选项卡"修改"面板中的"修剪"按钮⊹

操作步骤

命令：TRIM ✓

当前设置：投影 =UCS，边 = 无
选择剪切边 ...
选择对象或 <全部选择>:（选择一个或多个对象并按 Enter 键，或者按 Enter 键选择所有显示的对象）
选择要修剪的对象，或按住 Shift 键选择要延伸的对象，或 [栏选 (F) / 窗交 (C) / 投影 (P) / 边 (E) / 删除 (R) / 放弃 (U)]:

选项说明

（1）在选择对象时，如果按住 Shift 键，系统会自动将"修剪"命令转换成"延伸"命令。

（2）选择"边"选项时，可以选择对象的修剪方式。

① 延伸（E）。对延伸边界进行修剪。在此方式下，如果剪切边没有与要修剪的对象相交，系统会延伸剪切边直至与对象相交，然后再修剪，如图 6-37 所示。

选择剪切边　　　选择要修剪的对象　　修剪后的结果

图 6-37　以延伸方式修剪对象

② 不延伸（N）。不延伸边界修剪对象。只修剪与剪切边相交的对象。

（3）选择"栏选（F）"选项时，系统以栏选的方式选择被修剪对象，如图 6-38 所示。

选定剪切边　　使用栏选选定要修剪的对象　　结果

图 6-38　栏选修剪对象

（4）选择"窗交（C）"选项时，系统以栏选的方式选择被修剪对象，如图 6-39 所示。

使用窗交选择选定的边

选定要修剪的对象

结果

图 6-39　窗交选择修剪对象

（5）被选择的对象可以互为边界和被修剪对象，此时系统会在选择的对象中自动判断边界。

6.5.2 | 实例——绘制桥式电路

下面绘制如图 6-40 所示的桥式电路。

图 6-40　桥式电路

STEP 绘制步骤

❶ 单击"默认"选项卡"绘图"面板中的"直线"按钮／，绘制两条适当长度的正交垂直线段，如图 6-41 所示。

图 6-41　绘制线段

❷ 单击"默认"选项卡"修改"面板中的"复制"按钮，将下面水平线段进行复制，复制基点为竖直线段下端点，第 2 点为竖直线段上端点；用同样方法，将竖直直线向右复制，复制基点为水平线段左端点，第 2 点为水平线段中点，结果如图 6-42 所示。

图 6-42　复制线段

❸ 单击"默认"选项卡"绘图"面板中的"矩形"按钮□，在左侧竖直线段靠上适当位置绘制一

个矩形，使矩形穿过线段，如图 6-43 所示。

图 6-43 绘制矩形

❹ 单击"默认"选项卡"修改"面板中的"复制"按钮，将矩形向正下方适当位置进行复制；重复"复制"命令，将复制后的两个矩形向右复制，复制基点为水平线段左端点，第 2 点为水平线段中点，结果如图 6-44 所示。

图 6-44 复制矩形

❺ 单击"默认"选项卡"修改"面板中的"修剪"按钮，命令行提示与操作如下。

```
命令：_trim
当前设置：投影 =UCS，边 =无
选择剪切边 ...
选择对象或 <全部选择>：(框选四个矩形，图 6-45
阴影部分为拉出的选择框)
选择对象：↙
选择要修剪的对象，或按住 Shift 键选择要延伸的
对象，或 [栏选 (F)/窗交 (C)/投影 (P)/边 (E)/
删除 (R)/放弃 (U)]：(选择竖直直线穿过矩形的部
分，如图 6-46 所示)
选择要修剪的对象，或按住 Shift 键选择要延伸的
对象，或 [栏选 (F)/窗交 (C)/投影 (P)/边 (E)/
删除 (R)/放弃 (U)]：(继续选择竖直直线穿过矩形
的部分)
选择要修剪的对象，或按住 Shift 键选择要延伸的
对象，或 [栏选 (F)/窗交 (C)/投影 (P)/边 (E)/
删除 (R)/放弃 (U)]：(继续选择竖直直线穿过矩形
的部分)
选择要修剪的对象，或按住 Shift 键选择要延伸的
对象，或 [栏选 (F)/窗交 (C)/投影 (P)/边 (E)/
删除 (R)/放弃 (U)]：(继续选择竖直直线穿过矩形
的部分)
选择要修剪的对象，或按住 Shift 键选择要延伸的
对象，或 [栏选 (F)/窗交 (C)/投影 (P)/边 (E)/
删除 (R)/放弃 (U)]：↙
```

图 6-45 框选对象

图 6-46 修剪对象

这样，就完成了电阻符号的绘制，最终结果如图 6-47 所示。

图 6-47 修剪结果

❻ 单击"默认"选项卡"绘图"面板中的"直线"按钮，分别捕捉两条竖直线段上的适当位置点为端点，向左绘制两条水平线段，最终结果如图 6-40 所示。

6.5.3 | "延伸"命令

延伸对象是指延伸对象直至另一个对象的边界线，如图 6-48 所示。

选择边界　　选择要延伸的对象　　执行结果

图 6-48 延伸对象

执行方式

命令行：EXTEND

菜单："修改"→"延伸"

工具栏:"修改"→"延伸" ⊣

功能区:单击"默认"选项卡"修改"面板中的"延伸"按钮 ⊣

操作步骤

> 命令: EXTEND ✓
> 当前设置: 投影=UCS, 边=无
> 选择边界的边 ...
> 选择对象或 <全部选择>:
> 选择对象:(选择边界对象)

此时可以选择对象来定义边界。若直接按 Enter 键,则选择所有对象作为可能的边界对象。系统规定可以用作边界对象的对象有: 直线段、射线、双向无限长线、圆弧、圆、椭圆、二维/三维多义线、样条曲线、文本、浮动的视口和区域。如果选择二维多义线作边界对象,系统会忽略其宽度而把对象延伸至多义线的中心线。

选择边界对象后,系统继续提示:

> 选择要延伸的对象,或按住 Shift 键选择要修剪的对象,或 [栏选(F)/窗交(C)/投影(P)/边(E)/放弃(U)]:

选项说明

(1) 如果要延伸的对象是适配样条多义线,则延伸后会在多义线的控制框上增加新节点。如果要延伸的对象是锥形的多义线,系统会修正延伸端的宽度,使多义线从起始端平滑地延伸至新终止端。如果延伸操作导致终止端宽度可能为负值,则取宽度值为 0,如图 6-49 所示。

选择边界对象　　选择要延伸的多义线　　延伸后的结果

图 6-49　延伸对象

(2) 选择对象时,如果按住 Shift 键,系统就自动将"延伸"命令转换成"修剪"命令。

6.5.4 | "拉伸"命令

拉伸对象是指拖拉选择的对象,且对象的形状

发生改变。拉伸对象时应指定拉伸的基点和移至点。利用一些辅助工具如捕捉、钳夹功能及相对坐标等可以提高拉伸的精度。

执行方式

命令行: STRETCH

菜单:"修改"→"拉伸"

工具栏:"修改"→"拉伸" ▣

功能区:单击"默认"选项卡"修改"面板中的"拉伸"按钮 ▣

操作步骤

> 命令: STRETCH ✓
> 以交叉窗口或交叉多边形选择要拉伸的对象 ...
> 选择对象: 指定对角点: 找到 1 个 (采用交叉窗口的方式选择要拉伸的对象)
> 选择对象:
> 指定基点或 [位移(D)] <位移>:(指定拉伸的基点)
> 指定第二个点或 <使用第一个点作为位移>: (指定拉伸的移至点)

此时,若指定第 2 个点,系统将根据这两点决定矢量拉伸对象。若直接按 Enter 键,系统会把第 1 个点作为 X 和 Y 轴的分量值。

STRETCH 移动完全包含在交叉窗口内的顶点和端点。部分包含在交叉选择窗口内的对象将被拉伸。

6.5.5 | "拉长"命令

执行方式

命令行: LENGTHEN

菜单:"修改"→"拉长"

功能区:单击"默认"选项卡"修改"面板中的"拉长"按钮 ╱

操作步骤

> 命令: LENGTHEN ✓
> 选择对象或 [增量(DE)/百分数(P)/全部(T)/动态(DY)]:(选定对象)
> 当前长度: 490.7924 (给出选定对象的长度,如果选择圆弧则还将给出圆弧的包含角)
> 选择对象或 [增量(DE)/百分数(P)/全部(T)/动态(DY)]: DE ✓(选择拉长或缩短的方式。如选择"增量(DE)"方式)
> 输入长度增量或 [角度(A)] <0.0000>: 10 ✓ (输入长度增量数值。如果选择圆弧段,则可输入选

项 A 给定角度增量）

选择要修改的对象或 ［放弃 (U)］：（选定要修改的对象，进行拉长操作）

选择要修改的对象或 ［放弃 (U)］：（继续选择，按 Enter 键结束命令）

选项说明

（1）增量（DE）：用指定增加量的方法改变对象的长度或角度。

（2）百分数（P）：用指定占总长度的百分比的方法改变圆弧或直线段的长度。

（3）全部（T）：用指定新的总长度或总角度值的方法来改变对象的长度或角度。

（4）动态（DY）：打开动态拖拉模式。在这种模式下，可以使用拖拉鼠标的方法来动态地改变对象的长度或角度。

6.5.6 "圆角"命令

圆角是指用指定半径决定的一段平滑的圆弧连接两个对象。系统规定此命令可以圆滑地连接一对直线段、非圆弧的多义线段、样条曲线、双向无限长线、射线、圆、圆弧和椭圆。可以在任何时刻圆滑连接多义线的每个节点。

执行方式

命令行：FILLET

菜单："修改"→"圆角"

工具栏："修改"→"圆角" 🔲

功能区：单击"默认"选项卡"修改"面板中的"圆角"按钮🔲

操作步骤

命令：FILLET ✓
当前设置：模式 = 修剪，半径 = 0.0000
选择第一个对象或 ［放弃 (U)/多段线 (P)/半径 (R)/修剪 (T)/多个 (M)］:（选择第1个对象或其他选项）
选择第二个对象，或按住 Shift 键选择对象以应用角点或 ［半径 (R)］:（选择第 2 个对象）

选项说明

（1）多段线（P）：在一条二维多段线的两段直线段的节点处插入圆滑的弧。选择多段线后系统会根据指定的圆弧半径把多段线各顶点用圆滑的弧连

接起来。

（2）修剪（T）：决定在圆滑连接两条边时，是否修剪这两条边，如图 6-50 所示。

修剪方式　　　不修剪方式
图 6-50　圆角连接

（3）多个（M）：同时对多个对象进行圆角编辑，而不必重新启用命令。

按住 Shift 键并选择两条直线，可以快速创建零距离倒角或零半径圆角。

6.5.7 "倒角"命令

倒角是指用斜线连接两个不平行的线型对象。系统规定可以用斜线连接直线段、双向无限长线、射线和多义线。

系统采用两种方法确定连接两个线型对象的斜线：指定斜线距离和指定斜线角度。下面分别介绍这两种方法。

（1）指定斜线距离：斜线距离是指从被连接的对象与斜线的交点到被连接的两对象的可能的交点之间的距离。如图 6-51 所示。

图 6-51　斜线距离

（2）指定斜线角度和一个斜线距离连接选择的对象：采用这种方法以斜线连接对象时，需要输入两个参数：斜线与一个对象的斜线距离和斜线与该对象的夹角，如图 6-52 所示。

执行方式

命令行：CHAMFER

菜单："修改"→"倒角"

工具栏："修改"→"倒角" 🔲

图 6-52 斜线距离与夹角

功能区：单击"默认"选项卡"修改"面板中的"倒角"按钮 ▱

命令：CHAMFER ✓
（"不修剪"模式）当前倒角距离 1 = 0.0000,
距离 2 = 0.0000
选择第一条直线或 [放弃(U)/多段线(P)/距离
(D)/角度(A)/修剪(T)/方式(E)/多个(M)]:
（选择第1条直线或别的选项）
选择第二条直线，或按住 Shift 键选择要应用角点
或 [距离(D)/角度(A)/方法(M)]:（选择第2条
直线）

选项说明

（1）多段线（P）：对多段线的各个交叉点倒角。为了得到最好的连接效果，一般设置斜线是相等的值。系统根据指定的斜线距离把多义线的每个交叉点都作斜线连接，连接的斜线成为多段线新添加的构成部分，如图 6-53 所示。

选择多段线   倒角结果
图 6-53 斜线连接多义线

（2）距离（D）：选择倒角的两个斜线距离。这两个斜线距离可以相同或不相同，若二者均为 0，则系统不绘制连接的斜线，而是把两个对象延伸至相交，并修剪超出的部分。

（3）角度（A）：选择第 1 条直线的斜线距离和第 1 条直线的倒角角度。

（4）修剪（T）：与圆角连接命令 FILLET 相同，该选项决定连接对象后是否剪切原对象。

（5）方式（E）：决定采用"距离"方式还是"角度"方式来倒角。

（6）多个（U）：同时对多个对象进行倒角编辑。

6.5.8 "打断"命令

执行方式

命令行：BREAK
菜单："修改"→"打断"
工具栏："修改"→"打断" ▱
功能区：单击"默认"选项卡"修改"面板中的"打断"按钮 ▱

操作步骤

命令：BREAK ✓
选择对象：（选择要打断的对象）
指定第二个打断点或 [第一点(F)]:（指定第 2 个
断开点或键入 f）

选项说明

如果选择"第一点"，系统将丢弃前面的第 2 个选择点，重新提示用户指定两个断开点。

6.5.9 "打断于点"命令

打断于点与打断命令类似，是指在对象上指定一点，从而把对象在此点拆分成两部分。

执行方式

工具栏："修改"→"打断于点" ▱
功能区：单击"默认"选项卡"修改"面板中的"打断于点"按钮 ▱

操作步骤

选择对象：（选择要打断的对象）
指定第二个打断点或 [第一点(F)]: _f（系统自
动执行"第一点(F)"选项）
指定第一个打断点：（选择打断点）
指定第二个打断点：@（系统自动忽略此提示）

6.5.10 "分解"命令

执行方式

命令行：EXPLODE
菜单："修改"→"分解"
工具栏："修改"→"分解" ▱
功能区：单击"默认"选项卡"修改"面板中

的"分解"按钮 ⛬

命令：EXPLODE ✓
选择对象：（选择要分解的对象）

选择一个对象后，该对象会被分解。系统继续提示该行信息，允许分解多个对象。

6.5.11 | "合并"命令

可以将直线、圆、椭圆弧和样条曲线等独立的线段合并为一个对象，如图 6-54 所示。

图 6-54 合并对象

命令行：JOIN

菜单栏："修改"→"合并"

工具栏：单击"修改"工具栏中的"合并"按钮 ⛬

功能区：单击"默认"选项卡"修改"面板中的"合并"按钮 ⛬

命令：JOIN ✓
选择源对象或要一次合并的多个对象：（选择一个对象）
找到 1 个
选择要合并的对象：（选择另一个对象）
找到 1 个，总计 2 个
选择要合并的对象：✓
2 条直线已合并为 1 条直线

6.6 对象特性修改命令

在编辑对象时，还可以对图形对象本身的某些特性进行编辑，从而方便地进行图形绘制。

6.6.1 | 钳夹功能

利用钳夹功能可以快速方便地编辑对象。AutoCAD 在图形对象上定义了一些特殊点，称为夹点，利用夹点可以灵活地控制对象，如图 6-55 所示。

图 6-55 夹点图

要使用钳夹功能编辑对象必须先打开钳夹功能，打开菜单命令"工具"→"选项"，打开"选项"面板，切换到"选择集"选项卡下。

在"选择集"选项卡的夹点选项组下面，选中"启用夹点"复选框。在该页面上还可以设置代表夹点的小方格的尺寸和颜色。

也可以通过 GRIPS 系统变量控制是否打开钳夹功能，1 代表打开，0 代表关闭。

打开钳夹功能后，应该在编辑对象之前先选择对象。夹点表示对象的控制位置。

使用夹点编辑对象，要选择一个夹点作为基点，称为基准夹点。然后，选择一种编辑操作：镜像、移动、旋转、拉伸和缩放。可以用空格键、Enter 键或键盘上的快捷键循环选择这些功能。

下面仅就其中的拉伸对象操作为例进行讲述，其他操作类似。

在图形上拾取一个夹点，该夹点改变颜色，此点为夹点编辑的基准点。这时系统提示：

** 拉伸 **
指定拉伸点或 [基点 (B) / 复制 (C) / 放弃 (U) / 退出 (X)]：

在上述拉伸编辑提示下执行"镜像"命令，或单击"默认"选项卡"修改"面板中的"镜像"按钮▲，系统就会转换为镜像操作，其他操作类似。

6.6.2 "特性"工具面板

命令行：DDMODIFY 或 PROPERTIES

菜单："修改"→"特性"

工具条："标准"→"特性"

功能区：单击"视图"选项卡"选项板"面板中的"特性"按钮

命令：DDMODIFY ✓

执行上述命令后，AutoCAD 打开"特性"选项板，如图 6-56 所示。利用它可以方便地设置或修改对象的各种属性。

图 6-56 "特性"工具面板

不同的对象属性种类和值不同，修改属性值，对象改变为新的属性。

6.6.3 特性匹配

利用特性匹配功能可以将目标对象的属性与源对象的属性进行匹配，使目标对象与源对象相同。利用特性匹配功能可以方便快捷地修改对象属性，并保持不同对象的属性相同。

命令行：MATCHPROP

菜单："修改"→"特性匹配"

功能区：单击"默认"选项卡"特性"面板中的"特性匹配"按钮

命令：MATCHPROP ✓
选择源对象：（选择源对象）
选择目标对象或 [设置 (S)]：（选择目标对象）

图 6-57（a）所示为两个不同属性的对象，以左边的圆为源对象，对右边的矩形进行属性匹配，结果如图 6-57（b）所示。

（a）

（b）

图 6-57 特性匹配

6.7 综合实例——绘制电动机正反向启动控制电路图

图 6-58 所示为电动机正反向启动控制电路图，这一电路的工作原理是：电动机正向或反向启动时，为了减小启动电流，通过鼓型控制器 S1 和接触器 KM4、KM5，依次短接串入转子电路中的三相电阻 R1；电动机断开电源后，通过离心开关 S2，继电器 K9、K10 等，电动机反接制动。图中主要元件功能如表 6-1 所示。

扫一扫

这一电路的布置具有鲜明特点：按工作电源分为两部分，右边为主电路，垂直布置；左边为控制电路，水平布置。在水平布置的控制电路中，各类似项目纵向对齐，电路布置美观；主电路采用多线表示法，整个主电路元件围绕 3 根竖线从上到下依次排列。

图 6-58　电动机正反向启动控制电路图

表 6-1　主要元件功能

元件符号	功能	元件符号	功能
QS	电源隔离刀闸	K7	正转启动继电器
KM2	正转控制接触器	K8	反转启动继电器
KM3	反转控制接触器	K9、K10	限速继电器
KM4	具有延时特性短接电阻接触器	S1	鼓型控制器
KM5	启动时短接电阻接触器	S2	离心开关
R1	接入转子的启动电阻	S3、S4	限位开关
FR1、FR2	热继电器	S5	手动控制刀闸
K3	控制电源继电器	F1	主电路熔断器
K4	启动电阻切换继电器	F2	辅助电路熔断器

绘制思路如下：在绘制这个电路图时，采取控制电路与主电路分别绘制再组合的方法进行。绘制控制电路时，先绘制水平和竖直的电路干线，再逐步细化绘制各个元件。绘制各个元件时，采用自上而下或自下而上的顺序，避免遗漏。绘制主电路时，先绘制 3 根竖直主干线，再依次绘制各局部电路，绘制局部电路时，采取自上而下或自下而上的顺序。

STEP 绘制步骤

1. 绘制控制电路

❶ 建立新文件。启动 AutoCAD 2018 应用程序，单击"快速访问"工具栏中的"新建"按钮，打开"选择样板"对话框，选择已设计的样板文件作为模板，建立新文件；将新文件命名为"电动机正反向启动控制电路图 .dwg"并保存。

❷ 单击"默认"选项卡"绘图"面板中的"直线"按钮 ✐，绘制一条适当长度的水平直线，再利用"复制"命令向正下方适当距离进行复制，如图6-59所示。

图6-59 绘制并复制直线

❸ 单击"默认"选项卡"绘图"面板中的"直线"按钮 ✐，在适当位置绘制4条正交直线，如图6-60所示。

图6-60 绘制直线

❹ 单击"默认"选项卡"修改"面板中的"复制"按钮 ❀，将第❸步绘制的水平直线进行适当距离的垂直方向复制，如图6-61所示。

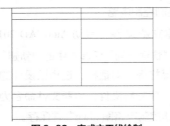

图6-61 复制直线

❺ 单击"默认"选项卡"绘图"面板中的"直线"按钮 ✐，捕捉相关直线上的点为起点和终点，绘制一条竖直直线，并绘制两条水平直线，直线的起点和终点分别在刚绘制的竖直直线和最右边的竖直直线上，这样就完成了控制电路主干线的绘制，如图6-62所示。

图6-62 完成主干线绘制

❻ 单击"默认"选项卡"绘图"面板中的"矩形"按钮 ▭，在最上面水平线的右端适当位置绘制一个矩形。单击"默认"选项卡"绘图"面板中的"直线"按钮 ✐，捕捉最上面水平线右端一点向下绘制一条斜线，如图6-63所示。

图6-63 绘制矩形和斜线

❼ 单击"默认"选项卡"修改"面板中的"打断"按钮 ⊏，命令行提示与操作如下。

命令：BREAK ✓
选择对象：（选择图6-63中斜线上方直线上适当一点）
指定第二个打断点或 ［第一点（F）］：（捕捉斜线与水平直线交点）
结果如图6-64所示。

图6-64 打断直线

❽ 单击"默认"选项卡"修改"面板中的"复制"按钮 ❀，将绘制好的矩形和斜线垂直复制到下一水平直线上，并利用"打断"命令将部分水平线段进行打断，结果如图6-65所示。

图6-65 复制和打断

❾ 单击"默认"选项卡"绘图"面板中的"直线"按钮 ✐，绘制一条短水平线和一条竖直直线，竖直直线的端点为水平短线的中点和上面斜线上一点。这样就完成了辅助电路熔断器F2和手动控制刀闸S5的绘制，如图6-66所示。

❿ 单击"默认"选项卡"绘图"面板中的"矩形"按钮 ▭，在第2条水平线上辅助电路熔断器F2靠左的适当位置绘制一个适当大小的矩形。单击

"默认"选项卡"修改"面板中的"修剪"按钮 ，将穿过矩形的直线修剪掉，这样就完成了控制电源继电器 K3 的绘制，结果如图 6-67 所示。

图 6-66　完成 F2 和 S5 的绘制

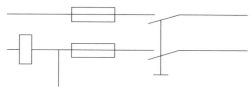

图 6-67　完成 K3 的绘制

⓫ 单击"默认"选项卡"绘图"面板中的"直线"按钮 ，在第 2 条水平线上靠近竖直主干线左端适当位置绘制一条竖直短线和一条与竖直短线交叉的斜线，并利用"修剪"命令进行修剪，完成热继电器 FR2 的绘制，如图 6-68 所示。

图 6-68　完成 FR2 绘制

⓬ 单击"默认"选项卡"修改"面板中的"复制"按钮 ，将刚绘制的 FR2 竖直短线和斜线水平向左，在适当位置进行复制，单击"默认"选项卡"修改"面板中的"修剪"按钮 ，进行修剪，完成热继电器 FR1 和鼓型控制器 S1 的绘制，如图 6-69 所示。

图 6-69　完成 FR1 和 S1 绘制

⓭ 单击"默认"选项卡"绘图"面板中的"直线"按钮 和"修剪"按钮 ，绘制左上端的控制电源继电器 K3，如图 6-70 所示。

图 6-70　完成 K3 绘制

⓮ 单击"默认"选项卡"修改"面板中的"复制"按钮 ，将第⓵步绘制的控制电源继电器 K3 水平向下依次复制到各水平主干线上，如图 6-71 所示。

图 6-71　复制 K3

⓯ 分别单击"默认"选项卡"绘图"面板中的"直线"按钮 和"修改"面板中的"修剪"按钮 ，在第 3 条水平主干线对应 FR1 的下方位置绘制限位开关 S3，如图 6-72 所示。

图 6-72　绘制 S3

⓰ 分别单击"默认"选项卡"绘图"面板中的"直线"按钮 和"修改"面板中的"修剪"按钮 ，在第 3 条水平主干线上限位开关 S3 左边适当位置绘制鼓型控制器 S1，如图 6-73 所示。

图 6-73　绘制 S1

⓱ 单击"默认"选项卡"修改"面板中的"复制"按钮 ，将第⓯和⓰步绘制的限位开关 S3 和鼓型控制器 S1 竖直向下复制到第 4 条水平主干线上，如图 6-74 所示。

⓲ 单击"默认"选项卡"绘图"面板中的"直线"按钮，在短水平主干线上绘制一系列图线，如图 6-75 所示。

图 6-74　复制 S3 和 S1

图 6-75　绘制图线

⓳ 单击"默认"选项卡"修改"面板中的"修剪"按钮，将第⓲步绘制的图线进行修剪，如图 6-76 所示。

图 6-76　修剪图线

⓴ 分别单击"默认"选项卡"绘图"面板中的"直线"按钮和"修改"面板中的"打断"按钮，在刚绘制和修剪的最上水平图线上绘制正转启动继电器 K7，然后单击"默认"选项卡"修改"面板中的"复制"按钮，竖直向下依次复制，重复"打断"命令，修剪掉多余的图线，如图 6-77 所示。

㉑ 分别单击"默认"选项卡"绘图"面板中的

"直线"按钮和"矩形"按钮，绘制离心开关 S2，大体位置如图 6-78 所示。

㉒ 单击"默认"选项卡"注释"面板中的"多行文字"按钮A，在刚绘制的矩形旁边绘制文字 n，如图 6-79 所示。

图 6-77　复制 K7

图 6-78　绘制 S2

图 6-79　绘制文字

㉓ 单击"默认"选项卡"修改"面板中的"移动"按钮，将文字 n 移动到矩形框的居中位置，如图 6-80 所示。

图 6-80　移动文字

㉔ 单击"默认"选项卡"绘图"面板中的"直

线"按钮 ∕，在图形的下部适当位置绘制一系列正交图线，如图 6-81 所示。

㉕ 单击"默认"选项卡"修改"面板中的"修剪"按钮 ∕−，将刚绘制的一系列图线进行修剪，如图 6-82 所示。

图 6-81　绘制正交图线

图 6-82　修剪图线

㉖ 分别单击"默认"选项卡"绘图"面板中的"直线"按钮 ∕ 和"修改"面板中的"修剪"按钮 ∕−、"打断"按钮 和"复制"按钮 ，在刚修剪的图线上绘制一系列的继电器和接触器元件，如图 6-83 所示。

图 6-83　绘制继电器和接触器

㉗ 单击"默认"选项卡"绘图"面板中的"直线"按钮 ∕、"圆弧"按钮 和"修改"工具栏中的"打断"按钮 ，绘制图形最右下端的鼓型控制器 S1 和电阻接触器 KM4，如图 6-84 所示。

图 6-84　绘制 S1 和 KM4

最后完成的控制电路如图 6-85 所示。

图 6-85　完成的控制电路

2. 绘制主电路

❶ 单击"默认"选项卡"绘图"面板中的"直线"按钮 ∕，在控制电路右边适当距离绘制一条竖直直线，利用"对象捕捉追踪"和"对象捕捉"工具，使直线的下端点与控制电路最下水平主干线处于同一水平位置，单击"默认"选项卡"修改"面板中的"偏移"按钮 ，向左右偏移相同的适当距离，形成 3 条平行等距竖直直线作为主电路主干线，如图 6-86 所示。

图 6-86　绘制主电路主干线

❷ 单击"默认"选项卡"绘图"面板中的"直线"按钮 ∕，过竖直直线下端点绘制一条适当长度的水平直线，单击"默认"选项卡"修改"面板中的"偏移"按钮 ，以相同的距离向上依次偏移出 3 条水平线，如图 6-87 所示。

❸ 单击"默认"选项卡"绘图"面板中的"直线"按钮 ∕，绘制两条竖直直线，连接偏移的水平

直线的左右各端点，如图 6-88 所示。

图 6-87　绘制水平直线　　图 6-88　绘制竖直直线

❹ 单击"默认"选项卡"修改"面板中的"修剪"按钮 ⁻⁄⁻，对绘制和偏移的直线进行修剪，如图 6-89 所示。

❺ 单击"默认"选项卡"绘图"面板中的"圆"按钮 ⊘，以中间竖线上适当位置一点为圆心绘制两个适当大小的同心圆，如图 6-90 所示。

图 6-89　修剪图线　　图 6-90　绘制同心圆

❻ 单击"默认"选项卡"修改"面板中的"修剪"按钮 ⁻⁄⁻，以同心圆为边界，对竖直直线进行修剪，如图 6-91 所示。

❼ 单击"默认"选项卡"绘图"面板中的"直线"按钮 ╱，绘制一条竖线，捕捉竖线的两个端点分别在小同心圆和最上水平线上，如图 6-92 所示。

图 6-91　修剪竖线　　图 6-92　绘制竖线

❽ 单击"默认"选项卡"修改"面板中的"镜像"按钮 ⚏，将刚绘制的竖线进行镜像，如图 6-93 所示。

❾ 单击"默认"选项卡"修改"面板中的"修剪"按钮 ⁻⁄⁻，将最上水平线进行修剪，如图 6-94 所示。

图 6-93　镜像竖线　　图 6-94　修剪水平线

❿ 单击"默认"选项卡"注释"面板中的"多行文字"按钮 **A**，绘制标示三相电动机的文字，如图 6-95 所示。

图 6-95　绘制三相电动机标示文字

⓫ 单击"默认"选项卡"绘图"面板中的"矩形"按钮 ▢，在三相电动机上方绘制一个适当大小的矩形，如图 6-96 所示。

图 6-96　绘制矩形

⓬ 单击"默认"选项卡"绘图"面板中的"直线"按钮 ╱，在矩形框内的中间竖线上绘制封闭正交直线，如图 6-97 所示。

⓭ 单击"默认"选项卡"修改"面板中的"修剪"按钮 ⁻⁄⁻，修剪矩形框内的直线，如图 6-98 所示。

图 6-97 绘制直线

图 6-98 修剪直线

⑭ 单击"默认"选项卡"修改"面板中的"打断"按钮🗂，对图形进行打断处理，完成热继电器 FR1 和 FR2 的绘制，如图 6-99 所示。

图 6-99 打断处理

⑮ 单击"默认"选项卡"绘图"面板中的"直线"按钮✏，在热继电器 FR1 和 FR2 的上方适当位置绘制 3 条连接线，如图 6-100 所示。

图 6-100 绘制连线

⑯ 单击"默认"选项卡"绘图"面板中的"直线"按钮✏和"圆弧"按钮🗗，在连线范围内的左边竖线上捕捉相关端点，绘制一个半圆弧和一条斜线，如图 6-101 所示。

图 6-101 绘制半圆弧和斜线

⑰ 单击"默认"选项卡"修改"面板中的"复制"按钮🗒，将绘制的半圆弧和斜线依次水平复制到右边各竖线上，如图 6-102 所示。

图 6-102 复制半圆弧和斜线

⑱ 单击"默认"选项卡"修改"面板中的"修剪"按钮🗠，修剪半圆弧和斜线之间的竖线，如图 6-103 所示。

图 6-103 修剪竖线

⑲ 单击"默认"选项卡"绘图"面板中的"直线"按钮✏，绘制两条水平直线，分别连接左边 3 根斜线和右边 3 根斜线的中点，完成正转控制接触器 KM2 和反转控制接触器 KM3 的绘制，如图 6-104 所示。

图 6-104 绘制水平直线

⑳ 单击"默认"选项卡"绘图"面板中的"矩形"按钮🗖，在正转控制接触器 KM2 上方的竖线

上适当位置绘制一个适当大小的矩形，单击"默认"选项卡"修改"面板中的"复制"按钮 ，将矩形水平复制到另两根竖线上，完成主电路熔断器 F1 的绘制，如图 6-105 所示。

图 6-105 绘制 F1

❷ 单击"默认"选项卡"绘图"面板中的"直线"按钮 ✏，在主电路熔断器 F1 上方竖线上绘制一条水平短线和一条斜线，并利用"复制"命令将绘制的水平线和斜线水平复制到另两根竖线上，如图 6-106 所示。

图 6-106 绘制并复制直线

❷ 单击"默认"选项卡"修改"面板中的"修剪"按钮 ✂，以刚绘制和复制的直线为界线，对多余的竖直图线进行修剪，如图 6-107 所示。

图 6-107 修剪竖线

❷ 单击"默认"选项卡"绘图"面板中的"直线"按钮 ✏，绘制一条水平直线，连接刚绘制的 3 条斜线的中点，完成电源隔离刀闸 QS1 的绘制，如图 6-108 所示。

图 6-108 完成 QS1 的绘制

❷ 单击"默认"选项卡"绘图"面板中的"矩形"按钮 ▭，在主电路下方竖直主干线上适当位置绘制一个适当大小的矩形，单击"默认"选项卡"修改"面板中的"复制"按钮 ，分别进行水平和垂直复制，如图 6-109 所示。

图 6-109 绘制并复制矩形

❷ 单击"默认"选项卡"修改"面板中的"修剪"按钮 ✂，将穿过矩形的竖直图线修剪掉，完成启动电阻 R1 的绘制，如图 6-110 所示。

图 6-110 完成 R1 的绘制

❷ 单击"默认"选项卡"绘图"面板中的"直线"按钮 ✏，在水平连线的适当位置上捕捉相关端点，绘制一条斜线，并单击"默认"选项卡"修改"

面板中的"复制"按钮，进行水平和垂直复制，如图 6-111 所示。

图 6-111 绘制斜线和半圆弧

㉗ 单击"默认"选项卡"修改"面板中的"修剪"按钮，修剪斜线之间的水平连线，最终完成的主电路图如图 6-112 所示。

图 6-112 完成主电路图的绘制

3. 组合主电路和控制电路

❶ 单击"默认"选项卡"修改"面板中的"移动"按钮，选择整个控制电路图部分为对象，如图 6-113 所示，水平向右移动到合适位置，使控制电路与主电路之间更紧凑，如图 6-114 所示。

❷ 单击"默认"选项卡"修改"面板中的"延伸"按钮，命令行提示与操作如下。

图 6-113 选择对象

图 6-114 移动控制电路

```
命令：EXTEND ↙
当前设置：投影=UCS，边=无
选择边界的边 …
选择对象或 <全部选择>：（选择主电路左边竖线）
选择对象：↙
选择要延伸的对象，或按住 Shift 键选择要修剪的
对象，或 [栏选(F)/窗交(C)/投影(P)/边(E)/
放弃(U)]：（选择控制电路最上边水平线右端）
选择要延伸的对象，或按住 Shift 键选择要修剪的
对象，或 [栏选(F)/窗交(C)/投影(P)/边(E)/
放弃(U)]：↙
```

重复执行"延伸"命令，延伸第 2 条水平线右端到主电路中间竖线，这样就完成了控制电路与主电路的连接，如图 6-115 所示。

图 6-115 连接主电路与控制电路

❸ 选择电路图中的几处图线，使这些图线显示蓝色控制夹点，如图 6-116 所示，利用"特性"工具选项板将它们的线型改为虚线。

 注意 在修改线型之前应该为系统加载虚线线型，具体方法在第 4 章已经讲述过。

图 6-116 选择对象

❹ 单击"默认"选项卡"注释"面板中的"多行文字"按钮 A，绘制图形左上角的鼓型控制器符号 S1，单击"默认"选项卡"修改"面板中的"移动"按钮 ⊕，将绘制好的文字 S1 进行适当的平移，以使文字的位置更合适，如图 6-117 所示。

图 6-117 绘制文字

❺ 单击"默认"选项卡"修改"面板中的"复制"按钮 ⁜，将刚绘制的文字 S1 复制到各个元件旁边，如图 6-118 所示。

图 6-118 复制文字

❻ 双击复制的各个文字，打开"文字编辑器"，将文字改为各个元件的正确的符号代表文字，单击"默认"选项卡"修改"面板中的"移动"按钮 ⊕，将修改后的文字进行适当的移动，以使文字位置更加整齐美观，最终完成的电动机正反向启动控制电路如图 6-58 所示。

6.8 上机实验

【实验1】绘制三极管

1. 目的要求

绘制如图 6-119 所示的三级管。

图 6-119 三极管

2. 操作提示

（1）单击"默认"选项卡"绘图"面板中的"直线"按钮 ∕，绘制 4 条直线。

（2）分别单击"默认"选项卡"绘图"面板中的"直线"按钮 ∕ 和"修改"面板中的"镜像"按钮 ⚎，绘制箭头。

（3）单击"默认"选项卡"绘图"面板中的"图案填充"按钮 ▥，填充箭头。

【实验2】绘制低压电气图

1. 目的要求

绘制如图 6-120 所示的低压电气图。

图 6-120 低压电气图

2．操作提示

（1）绘制主要电路干线。

（2）依次绘制各个电气符号。

（3）修改线型。

（4）标注文字。

6.9 思考与练习

1．选择题

（1）能够将物体的某部分进行大小不变的复制命令有（　　）。

A．MIRROR　　　B．COPY

C．ROTATE　　　D．ARRAY

（2）下列命令中，（　　）可以用来去掉图形中不需要的部分。

A．删除　　　B．清除

C．移动　　　D．回退

（3）能够改变一条线段的长度的命令有（　　）。

A．DDMODIFY　　B．LENTHEN

C．EXTEND　　　D．TRIM

E．STRETCH　　　F．SCALE

G．BREAK　　　H．MOVE

（4）（　　）命令在选择物体时必须采取交叉窗口或交叉多边形窗口进行选择。

A．LENTHEN　　　B．STRETCH

C．ARRAY　　　D．MIRROR

2．问答题

（1）分析 COPYCLIP 与 COPY 两个命令的异同。

（2）在利用"修剪"命令对图形进行修剪时，有时无法实现修剪，试分析其可能的原因。

（3）将下列命令与其命令名连接起来。

CHAMFER　　　伸展

LENGTHEN　　　倒圆角

FILLET　　　加长

STRETCH　　　倒斜角

第7章

图块

在设计绘图过程中经常会遇到一些重复出现的图形（如机械设计中的螺钉、螺母，建筑设计中的桌椅、门窗等），如果每次都重新绘制这些图形，不仅会造成大量的重复工作，而且存储这些图形及其信息也要占用相当大的磁盘空间。为解决这一问题，AutoCAD针对图块、外部参照和光栅图像提出了模块化作图的概念，这样不仅避免了大量的重复工作，提高了绘图速度和工作效率，而且还可大大节省磁盘空间。

重点与难点

- ⊙ 图块的操作
- ⊙ 图块的属性

7.1 图块的操作

图块也叫块，它是由一组图形组成的集合。一组对象一旦被定义为图块，它们将成为一个整体，拾取图块中任意一个图形对象即可选中构成图块的所有对象。AutoCAD 把一个图块作为一个对象进行编辑修改等操作，用户可根据绘图需要把图块插入到图中任意指定的位置，而且在插入时还可以指定不同的缩放比例和旋转角度。如果需要对组成图块的单个图形对象进行修改，还可以利用"分解"命令把图块分解成若干个对象。图块还可以重新定义，一旦被重新定义，整个图中基于该块的对象都将随之改变。

7.1.1 定义图块

执行方式

命令行：BLOCK

菜单："绘图"→"块"→"创建"

工具栏："绘图"→"创建块"

功能区：单击"默认"选项卡"块"面板中的"创建"按钮，或单击"插入"选项卡"块定义"面板中的"创建块"按钮

操作步骤

命令：BLOCK ✓

执行上述命令后，AutoCAD 就会打开如图 7-1 所示的"块定义"对话框。利用该对话框可定义图块，并为之命名。

图 7-1 "块定义"对话框

选项说明

（1）"基点"选项组：确定图块的基点，默认值是 (0,0,0)。也可以在下面的 X、Y、Z 文本框中输入块的基点坐标值。单击"拾取点"按钮，AutoCAD 临时切换到作图屏幕，用鼠标在图形中拾取一点后，

返回"块定义"对话框，将会把所拾取的点作为图块的基点。

（2）"对象"选项组：该选项组用于选择制作图块的对象以及设置对象的相关属性。

如图 7-2 所示，把图 7-2（a）中的正五边形定义为图块，图 7-2（b）所示为选中"删除"单选按钮的结果，图 7-2（c）所示为选中"保留"单选按钮的结果。

| （a） | （b） | （c） |

图 7-2 删除图形对象

（3）"设置"选项组：指定从 AutoCAD 设计中心拖动图块时用于测量图块的单位，以及进行缩放、分解和超链接等设置。

（4）"在块编辑器中打开"复选框：选中此复选框，系统打开块编辑器，可以定义动态块。

7.1.2 图块的存盘

用 BLOCK 命令定义的图块保存在其所属的图形中，该图块只能在该图中插入，而不能插入到其他的图中。但是有些图块在许多图中要经常用到，这时可以用 WBLOCK 命令把图块以图形文件的形式（扩展名为 DWG）写入磁盘，图形文件就可以在任意图形中通过 INSERT 命令插入。

图 7-4　绘制灯图块

执行方式

命令行：WBLOCK

功能区：单击"插入"选项卡"块定义"面板中的"写块"按钮⮑

操作步骤

命令：WBLOCK ✓

执行上述命令后，AutoCAD 打开"写块"对话框，如图 7-3 所示。利用此对话框可把图形对象保存为图形文件或把图块转换成图形文件。

图 7-3　"写块"对话框

选项说明

（1）"源"选项组：确定要保存为图形文件的图块或图形对象。选中"块"单选按钮，单击右侧的下三角按钮，在下拉列表中选择一个图块，将其保存为图形文件。选中"整个图形"单选按钮，则把当前的整个图形保存为图形文件。选中"对象"单选按钮，则把不属于图块的图形对象保存为图形文件。对象的选择通过"对象"选项组来完成。

（2）"目标"选项组：用于指定图形文件的名称、保存路径和插入单位等。

7.1.3 | 实例——绘制灯图块

将图 7-4 所示的灯图形定义为图块，取名为 deng，并保存。

STEP **绘制步骤**

❶ 单击"默认"选项卡"块"面板中的"创建"按钮🔲，打开"块定义"对话框。

❷ 在"名称"下拉列表框中输入"deng"。

❸ 单击"拾取点"按钮，切换到作图屏幕，选择圆心为插入基点，返回"块定义"对话框。

❹ 单击"选择对象"按钮，切换到作图屏幕，选择图 7-4 中的对象后，按 Enter 键返回"块定义"对话框。

❺ 确认关闭对话框。

❻ 在命令行输入 WBLOCK，系统打开"写块"对话框，在"源"选项组中选择"块"单选按钮，在后面的下拉列表框中选择 deng 块，并在其他相关设置后确认退出。

7.1.4 | 图块的插入

在用 AutoCAD 绘图的过程中，可根据需要随时把已经定义好的图块或图形文件插入到当前图形的任意位置，在插入的同时还可以改变图块的大小、旋转一定角度或把图块炸开等。

执行方式

命令行：INSERT

菜单："插入"→"块"

工具栏："插入"→"插入块" 🔳 或"绘图"→"插入块" 🔳

功能区：单击"默认"选项卡"块"面板中的"插入"按钮🔲，或单击"插入"选项卡"块"面板中的"插入"按钮🔲

命令：INSERT ✓

执行上述命令后，AutoCAD 打开"插入"对话框，如图 7-5 所示，可以指定要插入的图块及插入位置。

图 7-5 "插入"对话框

选项说明

（1）"插入点"选项组：指定插入点，插入图块时该点与图块的基点重合。可以在屏幕上指定该点，也可以通过其下的文本框输入该点坐标值。

（2）"比例"选项组：确定插入图块时的缩放比例。图块被插入到当前图形中的时候，可以以任意比例放大或缩小，如图 7-6 所示。其中，图 7-6（a）是被插入的图块；图 7-6（b）是取比例系数为 1.5 时插入该图块的结果；图 7-6（c）是取比例系数为 0.5 的结果；X 轴方向和 Y 轴方向的比例系数也可以取不同的数值，如图 7-6（d）所示，X 轴方向的比例系数为 1，Y 轴方向的比例系数为 1.5。另外，比例系数还可以是一个负数，当比例系数为负数时表示插入图块的镜像，其效果如图 7-7 所示。

图 7-6 取不同比例系数时插入图块的效果

| X 比例 =1，
Y 比例 =1 | X 比例 = −1，
Y 比例 =1 | X 比例 =1，
Y 比例 = −1 | X 比例 = −1，
Y 比例 = −1 |

图 7-7 比例系数为负值时插入图块的效果

（3）"旋转"选项组：指定插入图块时的旋转角度。图块被插入到当前图形中的时候，可以绕其基点旋转一定的角度，角度可以是正数（表示沿逆时针方向旋转），也可以是负数（表示沿顺时针方向旋转）。图 7-8（b）所示为图 7-8（a）所示的图块旋转 30°插入的效果，图 7-8（c）是旋转 −30°插入的效果。

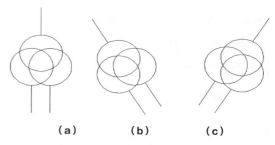

（a）　　　　（b）　　　　（c）

图 7-8 以不同旋转角度插入图块的效果

如果选中"在屏幕上指定"复选框，系统切换到作图屏幕，在屏幕上拾取一点，AutoCAD 自动测量插入点与该点连线和 X 轴正方向之间的夹角，并把它作为块的旋转角；也可以在"角度"文本框中直接输入插入图块时的旋转角度。

（4）"分解"复选框：选中此复选框，则在插入块的同时将其炸开，插入到图形中的组成块的对象不再是一个整体，可单独对每个对象进行编辑操作。

7.1.5 动态块

动态块具有灵活性和智能性。用户在操作时可以轻松地更改图形中的动态块参照。可以通过自定义夹点或自定义特性来操作动态块参照中的几何图形。这使用户可以根据需要调整块，而不用搜索另一个块以插入或重定义现有的块。

命令行：BEDIT

菜单："工具"→"块编辑器"

工具栏："标准"→"块编辑器" 🔾

功能区：单击"插入"选项卡"块定义"面板中的"块编辑器"按钮🔾

快捷菜单：选择一个块参照，在绘图区域中单击鼠标右键，从快捷菜单中选择"块编辑器"命令

操作步骤

命令：BEDIT ✓

执行上述命令后，系统打开"编辑块定义"对话框，如图 7-9 所示，在"要创建或编辑的块"文本框中输入块名或在列表框中选择已定义的块或当前图形。确认后，系统打开"块编写选项板"和"块编辑器"工具栏，如图 7-10 所示。

图 7-9　"编辑块定义"对话框

选项说明

（1）块编写选项板：该选项板有 4 个选项卡，分别介绍如下。

①"参数"选项卡：提供用于向块编辑器中的动态块定义中添加参数的工具。参数用于指定几何

图 7-10　块编辑状态绘图平面

图形在块参照中的位置、距离和角度等。将参数添加到动态块定义中时，该参数将定义块的一个或多个自定义特性。此选项卡也可以通过 BPARAMETER 命令打开。

②"动作"选项卡：提供用于向块编辑器中的动态块定义添加动作的工具。动作定义了在图形中操作块参照的自定义特性时，动态块参照的几何图形将如何移动或变化。应将动作与参数相关联。此选项卡也可以通过 BACTIONTOOL 命令打开。

③"参数集"选项卡：提供用于在块编辑器中向动态块定义添加一个参数和至少一个动作的工具。将参数集添加到动态块中时，动作将自动与参数相关联。将参数集添加到动态块中后，双击黄色警示图标🔾（或使用 BACTIONSET 命令），然后按照命令行中的提示将动作与几何图形选择集相关联。此选项卡也可以通过 BPARAMETER 命令打开。

④"约束"选项卡：可将几何对象关联在一起，或指定固定的位置或角度。

（2）"块编辑器"工具栏：该工具栏提供了用于创建动态块以及设置可见性状态的工具。

7.2　图块的属性

图块除了包含图形对象以外，还可以具有非图形信息。例如，把一个椅子的图形定义为图块后，还可把椅子的号码、材料、重量、价格以及说明等文本信息一并加入到图块中。图块的这些非图形信息，叫作图块的属性，它是图块的组成部分，与图形对象一起构成一个整体。在插入图块时，AutoCAD 把图形对象连同属性一起插入到图形中。

7.2.1 定义图块属性

命令行：ATTDEF

菜单："绘图"→"块"→"定义属性"

功能区：单击"默认"选项卡"块"面板中的"定义属性"按钮 或单击"插入"选项卡"块定义"面板中的"定义属性"按钮

命令：ATTDEF ✓

执行上述命令后，打开"属性定义"对话框，如图 7-11 所示。

图 7-11 "属性定义"对话框

（1）"模式"选项组：确定属性的模式。

①"不可见"复选框。选中此复选框，插入图块并输入属性值后，属性值在图中并不显示出来。

②"固定"复选框。选中此复选框，属性值为常量。

③"验证"复选框。选中此复选框，当插入图块时，AutoCAD 重新显示属性值让用户验证该值是否正确。

④"预设"复选框。选中此复选框，当插入图块时自动把事先设置好的默认值赋予属性，而不再提示输入属性值。

⑤"锁定位置"复选框。选中此复选框，当插入图块时 AutoCAD 锁定块参照中属性的位置。解

锁后，属性可以相对于使用夹点编辑的块的其他部分移动，并且可以调整多行属性的大小。

⑥"多行"复选框。选中此复选框，指定属性值可以包含多行文字。

（2）"属性"选项组：用于设置属性值。在 AutoCAD 中每个文本框允许输入不超过 256 个字符。

①"标记"文本框。输入属性标签。属性标签可由除空格和感叹号以外的所有字符组成，AutoCAD 自动把小写字母改为大写字母。

②"提示"文本框。输入属性提示。属性提示是插入图块时 AutoCAD 要求输入属性值的提示，如果不在此文本框内输入文本，则以属性标签作为提示。如果在"模式"选项组选中"固定"复选框，即设置属性为常量，则不需设置属性提示。

③"默认"文本框。设置默认的属性值。可把使用次数较多的属性值作为默认值，也可不设默认值。

（3）"插入点"选项组：确定属性文本的位置。可以在插入时由用户在图形中确定属性文本的位置，也可在 X、Y、Z 文本框中直接输入属性文本的位置坐标。

（4）"文字设置"选项组：设置属性文本的对齐方式、文本样式、字高和倾斜角度等。

（5）"在上一个属性定义下对齐"复选框：选中此复选框表示把属性标签直接放在前一个属性的下面，而且该属性继承前一个属性的文本样式、字高和倾斜角度等特性。

 注意 在动态块中，由于属性的位置包括在动作的选择集中，因此必须将其锁定。

7.2.2 修改属性的定义

在定义图块之前，可以对属性的定义进行修改，不仅可以修改属性标签，还可以修改属性提示和属性默认值。

命令行：DDEDIT

菜单："修改"→"对象"→"文字"→"编辑"

操作步骤

命令：TEXTEDIT ✓
选择注释对象或 [放弃 (U)]：

在此提示下选择要修改的属性定义，AutoCAD
打开"编辑属性定义"对话框，如图 7-12 所示。该
对话框表示要修改的属性的标记为"文字"，提示
为"数值"，无默认值，可在各文本框中对各项进行
修改。

图 7-12 "编辑属性定义"对话框

7.2.3 | 编辑图块属性

当属性被定义到图块当中，甚至图块被插入到
图形当中之后，用户还可以对属性进行编辑。利用
ATTEDIT 命令可以通过对话框对指定图块的属性值
进行修改，而且还可以对属性的位置、文本等其他
设置进行编辑。

执行方式

命令行：EATTEDIT
菜单："修改"→"编辑属性"→"单个"
工具栏："修改 II"→"编辑属性" ✍

操作步骤

命令：EATTEDIT ✓
选择块参照：

选择块后，系统打开"增强属性编辑器"对话
框，如图 7-13 所示。该对话框不仅可以编辑属性值，

还可以编辑属性的文字选项和图层、线型、颜色等
特性值。

图 7-13 "增强属性编辑器"对话框

另外，还可以通过"块属性管理器"对话框来
编辑属性，方法是单击"修改 II"工具栏中的"块
属性管理器"按钮，打开"块属性管理器"对话框，
如图 7-14 所示。单击"编辑"按钮，打开"编辑属
性"对话框，如图 7-15 所示，可以通过该对话框编
辑属性。

图 7-14 "块属性管理器"对话框

图 7-15 "编辑属性"对话框

7.3 综合实例——绘制手动串联电阻启动控制电路图

本实例主要讲解利用图块辅助快速绘制电气图的一般方法。图 7-16 所示为手动串联电
阻启动控制电路图。其基本原理是：当启动电动机时，按下按钮开关 SB2，电动机串联电
阻启动，待电动机转速达到额定转速时，再按下 SB3，电动机电源改为全压供电，使电动
机正常运行。

扫一扫

图 7-16　手动串联电阻启动控制电路图

绘制步骤

❶ 分别单击"默认"选项卡"绘图"面板中的"圆"按钮 ⊙ 和"多行文字"按钮 **A**，绘制如图 7-17所示的电动机图形。

图 7-17　绘制电动机

❷ 在命令行中输入"WBLOCK"命令，打开"写块"对话框，如图 7-18 所示。拾取上面圆心为

图 7-18　"写块"对话框

基点，以上面图形为对象，输入图块名称并指定路径，确认退出。

❸ 用同样的方法，绘制其他电气符号，并保存为图块，如图 7-19 所示。

图 7-19　绘制电气图块

❹ 单击"默认"选项卡"块"面板中的"插入"按钮 ，打开如图 7-20 所示的"插入"对话框，单击"浏览"按钮，找到刚才保存的电动机图块，在屏幕上指定插入点、比例和旋转角度，将图块插入到一个新的图形文件中。

图 7-20　"插入"对话框

❺ 单击"默认"选项卡"绘图"面板中的"直线"按钮 ，在插入的电动机图块上绘制如图 7-21所示的导线。

❻ 单击"默认"选项卡"块"面板中的"插入"按钮 ，将 F 图块插入到图形中，插入比例为 1，角度为 0，并对 F 图块进行整理修改，结果如图 7-22所示。

图 7-21　绘制导线　　图 7-22　插入 F 图块

❼ 单击"默认"选项卡"块"面板中的"插入"

按钮 ，插入 KM1 图块到竖线上端点，并复制到其他两个端点，如图 7-23 所示。

图 7-23　插入并复制 KM1 图块

⑧ 将插入并复制的 3 个 KM1 图块向上复制到 KM1 图块的上端点，如图 7-24 所示。

⑨ 单击"默认"选项卡"块"面板中的"插入"按钮 ，插入 R 图块到第 1 次插入的 KM1 图块的右边适当位置，并向右水平复制两次，如图 7-25 所示。

图 7-24　复制 KM1 图块　　　图 7-25　插入 R 图块

⑩ 单击"默认"选项卡"绘图"面板中的"直线"按钮 ，绘制电阻 R 与主干竖线之间的连接线，如图 7-26 所示。

⑪ 单击"默认"选项卡"块"面板中的"插入"按钮 ，插入 FU 图块到竖线上端点，并复制到其他两个端点，如图 7-27 所示。

图 7-26　绘制连接线　　　图 7-27　插入 FU 图块

⑫ 单击"默认"选项卡"块"面板中的"插入"按钮 ，插入 QS 图块到竖线上端点，并复制到其他两个端点，如图 7-28 所示。

⑬ 单击"默认"选项卡"绘图"面板中的"直线"按钮 ，绘制一条水平线段，端点为刚插入的 QS 图块斜线中点，并将其线型改为虚线，如图 7-29 所示。

图 7-28　插入 QS 图块　　图 7-29　绘制水平功能线

⑭ 单击"默认"选项卡"绘图"面板中的"圆"按钮 ，在竖线顶端绘制一个小圆圈，并复制到另两个竖线顶端，如图 7-30 所示。此处表示线路与外部的连接点。

⑮ 单击"默认"选项卡"绘图"面板中的"直线"按钮 ，从主干线上引出两条水平线，如图 7-31 所示。

图 7-30　绘制小圆圈　　图 7-31　引出水平线

⑯ 单击"默认"选项卡"块"面板中的"插入"按钮 ，插入 FU 图块到上面水平引线右端点，指定旋转角为 –90°。这时系统打开如图 7-32 所示提

示框，提示是否更新 FU 图块定义（因为前面已经
插入过 FU 图块），选择"是"，插入 FU 图块，效
果如图 7-33 所示。

图 7-32　提示框

图 7-33　再次插入 FU 图块

⓱ 在 FU 图块右端绘制一条短水平线，单击
"默认"选项卡"块"面板中的"插入"按钮🔲，
插入 FR 图块到水平短线右端点，如图 7-34 所示。

图 7-34　插入 FR 图块

⓲ 单击"默认"选项卡"块"面板中的"插入"
按钮🔲，连续插入图块 SB1、SB2、KM 到下面一
条水平引线右端，如图 7-35 所示。

图 7-35　插入 SB1、SB2、KM 图块

⓳ 在插入的 SB1 和 SB2 图块之间水平线上向
下引出一条竖直线，单击"默认"选项卡"块"面
板中的"插入"按钮🔲，插入 KM1 图块到竖直引
线下端点，指定插入时的旋转角度为 –90°，结果
如图 7-36 所示。

图 7-36　插入 KM1 图块

⓴ 单击"默认"选项卡"块"面板中的"插入"
按钮🔲，在刚插入的 KM1 图块右端依次插入图块
SB2、KM2，结果如图 7-37 所示。

图 7-37　插入 SB2、KM 图块

㉑ 参考第⑳步，向下绘制竖直引线，并插入图块 KM1，如图 7-38 所示。

图 7-38　再次插入 KM1 图块

㉒ 单击"默认"选项卡"绘图"面板中的"直线"按钮 ╱，补充绘制相关导线，如图 7-39 所示。

图 7-39　补充导线

㉓ 局部放大图形，可以发现 SB1、SB2 等图块在插入图形后，看不见虚线图线，如图 7-40 所示。

图 7-40　放大显示局部

注意　由于图块插入到图形后，其大小有变化，导致相应的图线有变化，所以看不见虚线图形。

㉔ 双击插入图形的 SB2 图块，系统打开"编辑块定义"对话框，如图 7-41 所示。单击"确定"按钮，打开如图 7-42 所示的动态块编辑界面。

图 7-41　"编辑块定义"对话框

图 7-42　动态块编辑界面

㉕ 双击 SB2 图块中间竖线，打开"特性"选项板，将"线型比例"改为 100，如图 7-43 所示。修改后的图块如图 7-44 所示。

图 7-43　修改线型比例

图 7-44　修改后的图块

❷❻ 单击动态块编辑工具栏上的"关闭块编辑器"按钮，退出动态块编辑界面，系统提示是否保存块的修改，如图 7-45 所示。

图 7-45　提示框

❷❼ 继续选择要修改的图块进行编辑，编辑完成后，可以看到图形中图块对应图线已经变成了虚线，如图 7-46 所示。整个图形如图 7-47 所示。

图 7-46　修改后的图块

图 7-47　整个图形

❷❽ 单击"默认"选项卡"注释"面板中的"多行文字"按钮 A，输入电气符号代表文字，最终结果如图 7-16 所示。

7.4　上机实验

【实验 1】定义图块

1. 目的要求

将图 7-48 所示的带滑动触点的电位器 R1 定义为图块。

图 7-48　带滑动触点的电位器 R1

2. 操作提示

（1）单击"默认"选项卡"块"面板中的"创建"按钮 🔲，利用对话框适当设置定义块。

（2）在命令行中输入 WBLOCK 命令，进行适当设置并保存块。

【实验 2】绘制三相电机启动控制电路图

1. 目的要求

利用图块插入的方法绘制如图 7-49 所示的三相电机启动控制电路图。

图 7-49　三相电机启动控制电路图

2. 操作提示

（1）绘制各种电气元件，并保存成图块。

（2）插入各个图块并连接。

（3）标注文字。

7.5 思考与练习

1. 问答题

（1）图块的定义是什么？图块有何特点？

（2）动态图块有什么优点？

（3）什么是图块的属性？如何定义图块属性？

2. 操作题

（1）将图 7-50 所示的极性电容定义成图块并保存。

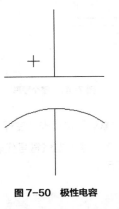

图 7-50 极性电容

（2）利用图块功能绘制如图 7-51 所示的钻床控制电路局部图。

图 7-51 钻床控制电路局部图

第8章

设计中心与工具选项板

对于一个绘图项目，重用和分享设计内容，是管理一个绘图项目的基础。通过 AutoCAD 设计中心可以管理块、外部参照、渲染的图像以及其他设计资源文件的内容，设计中心提供了观察和重用设计内容的强大工具，利用它可以浏览系统内部的资源，还可以从 Internet 上下载有关内容。本章主要介绍设计中心的应用和工具选项板的使用等知识。

重点与难点

- ➲ 观察设计信息
- ➲ 工具选项板

8.1 观察设计信息

使用 AutoCAD 设计中心可以很容易地组织设计内容，并把它们拖动到自己的图形中。可以通过 AutoCAD 设计中心窗口的内容显示框，来观察用 AutoCAD 设计中心的资源管理器所浏览资源的细目，如图 8-1 所示。在图 8-1 中，左边文件夹列表部分为 AutoCAD 设计中心的资源管理器，右边图标部分为 AutoCAD 设计中心窗口的内容显示框。其中上面窗口为文件显示框，中间窗口为图形预览显示框，下面窗口为说明文本显示框。

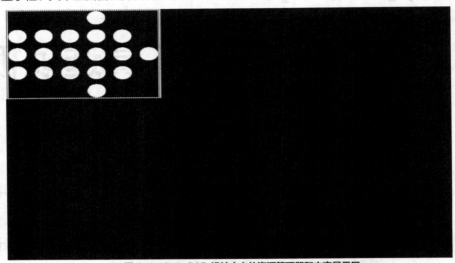

图 8-1　AutoCAD 设计中心的资源管理器和内容显示区

8.1.1 启动设计中心

执行方式

命令行：ADCENTER

菜单："工具"→"选项板"→"设计中心"

工具栏："标准"→"设计中心"

快捷键：Ctrl+2

功能区：单击"视图"选项卡"选项板"面板中的"设计中心"按钮

操作步骤

命令：ADCENTER ✓

系统打开设计中心。第 1 次启动设计中心时，其默认打开的选项卡为"文件夹"。内容显示区采用大图标显示，左边的资源管理器采用 Tree View 显示方式显示系统的树形结构。浏览资源的同时，在内容显示区显示所浏览资源的有关细目或内容，如图 8-1 所示。

可以依靠鼠标拖动边框来改变 AutoCAD 设计中心资源管理器和内容显示区以及 AutoCAD 绘图区的大小，但内容显示区的最小尺寸应能显示两列大图标。

如果要改变 AutoCAD 设计中心的位置，可在设计中心工具条的上部用鼠标拖动它，松开鼠标后，AutoCAD 设计中心便处于当前位置，到新位置后，仍可以用鼠标改变各窗口的大小，也可以通过设计中心边框左边下方的"自动隐藏"按钮来自动隐藏设计中心。

8.1.2 插入图块

可以将图块插入到图形当中。当将一个图块插入到图形当中时，块定义就被复制到图形数据库当中。在一个图块被插入图形之后，如果原来的图块被修改，则插入到图形当中的图块也随之改变。

当其他命令正在执行时，不能插入图块到图形当中。如果插入块时，提示行正在执行一个命令，此时光标变成一个带斜线的圆，提示操作无效。另外，一次只能插入一个图块。

系统根据鼠标拉出的线段的长度与角度确定比例与旋转角度。插入图块的步骤如下所示。

（1）从文件夹列表或查找结果列表选择要插入的图块，按住鼠标左键，将其拖动到打开的图形。松开鼠标左键，此时，被选择的对象被插入到当前被打开的图形当中。利用当前设置的捕捉方式，可以将对象插入到任何存在的图形当中。

（2）按下鼠标左键，指定一点作为插入点，移动鼠标，鼠标位置点与插入点之间距离为缩放比例，按下鼠标左键确定比例。用同样方法移动鼠标，鼠标指定位置与插入点连线与水平线角度为旋转角度。被选择的对象是根据鼠标指定的比例和角度插入到图形当中的。

8.1.3 | 图形复制

1. 在图形之间复制图块

利用 AutoCAD 设计中心可以浏览和装载需要复制的图块，然后将图块复制到剪贴板，利用剪贴板将图块粘贴到图形当中。具体方法如下所示。

（1）在控制板选择需要复制的图块，右击打开快捷菜单，选择"复制"命令。

（2）将图块复制到剪贴板上，然后通过"粘贴"命令粘贴到当前图形上。

2. 在图形之间复制图层

利用 AutoCAD 设计中心可以从任何一个图形复制图层到其他图形。如果已经绘制了一个包括设计所需的所有图层的图形，在绘制另外新的图形的时候，可以新建一个图形，并通过 AutoCAD 设计中心将已有的图层复制到新的图形当中，这样可以节省时间，并保证图形间的一致性。

（1）拖动图层到已打开的图形：确认要复制图层的目标图形文件被打开，并且是当前的图形文件。在控制板或查找结果列表框选择要复制的一个或多个图层。拖动图层到打开的图形文件。松开鼠标后，被选择的图层即被复制到打开的图形当中。

（2）复制或粘贴图层到打开的图形：确认要复制的图层的图形文件已被打开，并且是当前的图形文件。在控制板或查找结果列表框选择要复制的一个或多个图层。右击打开快捷菜单，在快捷菜单中选择"复制到粘贴板"命令。如果要粘贴图层，确认粘贴的目标图形文件已被打开，并为当前文件。右击打开快捷菜单，在快捷菜单选择"粘贴"命令。

8.2 工具选项板

"工具选项板"窗口是以选项卡形式提供组织、共享和放置块及填充图案的有效工具。工具选项板还可以包含由第 3 方开发人员提供的自定义工具。

8.2.1 | 打开工具选项板

执行方式

命令行：TOOLPALETTES

菜单："工具"→"选项板"→"工具选项板"

工具栏："标准"→"工具选项板窗口" 🔲

快捷键：Ctrl+3

功能区：单击"视图"选项卡"选项板"面板

中的"工具选项板"按钮 🔲

操作格式

命令：TOOLPALETTES ✓

执行上述命令后，系统自动打开工具选项板，如图 8-2 所示。

在工具选项板中，系统设置了一些常用图形选项卡，这些常用图形可以方便用户绘图。

图 8-2　工具选项板

8.2.2 | 工具选项板的显示控制

1. 移动和缩放工具选项板

用户可以用鼠标按住工具选项板深色边框，拖动鼠标，即可移动工具选项板。将鼠标指向工具选项板边缘，出现双向伸缩箭头，按住鼠标左键拖动即可缩放工具选项板。

2. 自动隐藏

在工具选项板深色边框下面有一个"自动隐藏"按钮，单击该按钮就可自动隐藏工具选项板，再次单击，则自动打开工具选项板。

3. "透明度"控制

在工具选项板深色边框下面有一个"特性"按钮，单击该按钮，打开快捷菜单，如图 8-3 所示。

图 8-3　快捷菜单

选择"透明度"命令，系统打开"透明度"对话框，如图 8-4 所示。通过拖动滑块可以调节工具选项板的透明度。

图 8-4　"透明度"对话框

8.2.3 | 新建工具选项板

用户可以建立新工具选项板，这样有利于个性化作图，也能够满足特殊作图需要。

执行方式

命令行：CUSTOMIZE

菜单："工具"→"自定义"→"工具选项板"

快捷菜单：在任意工具栏上右击鼠标，然后选择"自定义选项板"命令

工具选项板："特性"按钮 →"自定义选项板"（或"新建选项板"）

操作格式

命令：CUSTOMIZE ✓

执行上述命令后，系统打开"自定义"对话框，如图 8-5 所示。在"选项板"列表框中单击鼠标右键，打开快捷菜单，如图 8-6 所示，选择"新建选项板"命令，在对话框中可以为新建的工具选项板命名。确定后，工具选项板中就增加了一个新的选项卡，如图 8-7 所示。

图 8-5 "自定义"对话框

图 8-6 快捷菜单　　图 8-7 新增选项卡

8.2.4 向工具选项板添加内容

（1）将图形、块和图案填充从设计中心拖动到工具选项板上。在 DesignCenter 文件夹上右击鼠标，系统打开右键快捷菜单，从中选择"创建块的工具选项板"命令，如图 8-8（a）所示。设计中心中储存的图元就出现在工具选项板中新建的 DesignCenter 选项卡上，如图 8-8（b）所示。这样就可以将设计中心与工具选项板结合起来，建立一个快捷方便的工具选项板。将工具选项板中的图形拖动到另一个图形中时，图形将作为块插入。

（a）

（b）

图 8-8 将储存图元的文件夹创建成"设计中心"工具选项板

（2）使用"剪切"、"复制"和"粘贴"命令将一个工具选项板中的工具移动或复制到另一个工具选项板中。

8.3 综合实例——绘制手动串联电阻启动控制电路图

手动串联电阻启动控制电路图如图 8-9 所示，本节主要介绍怎样利用设计中心与工具选项板来绘制该图。

扫一扫

图 8-9　手动串联电阻启动控制电路图

STEP　绘制步骤

❶ 利用各种绘图和编辑命令绘制如图 8-10 所示的各个电气元件图形，并按图 8-10 所示代号将其分别保存到"电气元件"文件夹中。

图 8-10　电气元件图形

注意 这里绘制的电气元件只作为 DWG 图形保存，不必保存成图块。

❷ 单击"视图"选项卡"选项板"面板中的"设计中心"按钮▣，并打开"工具选项板"对话框，打开设计中心和工具选项板，如图 8-11 所示。

❸ 在设计中心的"文件夹"选项卡下找到刚才绘制电器元件时保存的"电气元件"文件夹，在该文件夹上单击鼠标右键，打开快捷菜单，选择"创建块的工具选项板"命令，如图 8-12 所示。

图 8-11　设计中心和工具选项板

图 8-12　设计中心操作

❹ 系统自动在工具选项板上创建一个名为"电气元件"的工具选项板，如图 8-13 所示，该选项板上列出了"电气元件"文件夹中的各图形，并将每一个图形自动转换成图块。

❺ 按住鼠标左键，将"电气元件"工具选项板中的 M 图块拖动到绘图区域，电动机图块就插入到新的图形文件中了，如图 8-14 所示。

图 8-13 "电气元件"工具选项板　　图 8-14 插入电动机图块

❻ 在工具选项板中插入的图块不能旋转,对需要旋转的图块,单击"默认"选项卡"修改"面板中的"旋转"按钮⟳和"移动"按钮✥,进行旋转和移动操作,也可以采用直接从设计中心拖动图块的方法实现,现以图 8-15 所示绘制水平引线后需要插入旋转的 FU 图块为例,讲述旋转和移动图块的方法。

图 8-15 绘制水平引线

① 打开设计中心,找到"电气元件"文件夹,选择该文件夹,设计中心右边的显示框列表内显示该文件夹中的各图形文件,如图 8-16 所示。

图 8-16 设计中心

② 选择其中的 fu1.dwg 文件,按住鼠标左键,拖动到当前绘制的图形中,命令行提示与操作如下。

```
命令：_-INSERT
输入块名或 [?]：" …\ 源文件 \8\ 手动串联电阻启
动控制电路图 \ 电气元件 \fu1.dwg"
单位：毫米　　 转换：　　0.0394
指定插入点或 [ 基点 (B)/ 比例 (S)/X/Y/Z/ 旋转
(R)]：(捕捉图 8-15 中的 1 点)
输入 X 比例因子,指定对角点,或 [ 角点 (C)/
XYZ(XYZ)] <1>：1 ✓
输入 Y 比例因子或 < 使用 X 比例因子 >：✓
指定旋转角度 <0>：-90 ✓ (也可以通过拖动鼠标
动态控制旋转角度,如图 8-17 所示)
```

插入结果如图 8-18 所示。

图 8-17 控制旋转角度　　 图 8-18 插入结果

继续利用工具选项板和设计中心插入各图块,最终结果如图 8-9 所示。

③ 最后,如果不想保存"电气元件"工具选项板,可以在"电气元件"工具选项板上单击鼠标右键,打开快捷菜单,选择"删除选项板"命令,如

图 8-19 所示，系统打开提示框，如图 8-20 所示，单击"确定"按钮，系统自动将"电气元件"工具选项板删除。

删除后的工具选项板如图 8-21 所示。

图 8-20 提示框

图 8-19 快捷菜单

图 8-21 删除后的工具选项板

8.4 上机实验

【实验】绘制三相电机启动控制电路图

1. 目的要求

利用设计中心插入图块的方法绘制如图 8-22 所示的三相电机启动控制电路图。

图 8-22 三相电机启动控制电路图

2. 操作提示

（1）绘制图 8-22 所示各电气元件并保存。

（2）在设计中心中找到各电气元件保存的文件夹，在右边的显示框中选择需要的元件，拖动到所绘制的图形中，并指定其缩放比例和旋转角度。

8.5 思考与练习

1. 什么是设计中心？设计中心有什么功能？

2. 什么是工具选项板？怎样利用工具选项板进行绘图？

3. 设计中心以及工具选项板中的图形与普通图形有什么区别？与图块又有什么区别？

4. 利用设计中心和工具选项板绘制如图 8-23 所示的钻床控制电路局部图。

图 8-23 钻床控制电路局部图

第二篇　工程设计篇

　　本篇结合实例讲解利用 AutoCAD 2018 进行各种电气设计的操作步骤、方法技巧和注意事项等，内容包括机械电气、控制电气、电力工程、电路图、建筑电气等不同专业领域的电气设计知识。这部分是本书知识的提高部分，旨在帮助读者学会各类电气设计的绘制操作。

第二篇　工程设计篇

第9章

机械电气设计

机械电气设计是电气工程的重要组成部分。随着相关技术的发展，机械电气的使用日益广泛。本章主要介绍机械电气的设计，通过几个具体的实例由浅入深地讲述了 AutoCAD 2018 环境下进行机械电气设计的过程。

重点与难点

- ⇨ 机械电气简介
- ⇨ 电动机控制电气设计
- ⇨ C630 车床电气原理图

9.1 机械电气简介

机械电气是一类比较特殊的电气，主要指应用在机床上的电气系统，故也可以称为机床电气，包括应用在车床、磨床、钻床、铣床以及镗床上的电气，也包括机床的电气控制系统、伺服驱动系统和计算机控制系统等。随着数控系统的发展，机床电气也成为电气工程的一个重要组成部分。

机床电气系统的组成如下所示。

1. 电力拖动系统

以电动机为动力驱动控制对象（工作机构）做机械运动。

（1）直流拖动与交流拖动。

● 直流电动机。具有良好的启动、制动性能和调速性能，可以方便地在很宽的范围内平滑调速，尺寸大、价格高、运行可靠性差。

● 交流电动机。具有单机容量大、转速高、体积小、价钱便宜、工作可靠和维修方便等优点，但调速困难。

（2）单电机拖动和多电机拖动。

● 单电机拖动。每台机床上安装一台电动机，再通过机械传动机构装置将机械能传递到机床的各运动部件。

● 多电机拖动。一台机床上安装多台电机，分别拖动各运动部件。

2. 电气控制系统

对各拖动电动机进行控制，使它们按规定的状态、程序运动，并使机床各运动部件的运动得到合乎要求的静、动态特性。

（1）继电器－接触器控制系统：这种控制系统由按钮开关、行程开关、继电器、接触器等电气元件组成，控制方法简单直接，价格低。

（2）计算机控制系统：由数字计算机控制，具有高柔性、高精度、高效率、高成本等特点。

（3）可编程控制器控制系统：克服了继电器－接触器控制系统的缺点，又具有计算机的优点，并且编程方便，可靠性高，价格便宜。

9.2 综合实例——电动机控制电气设计

电动机控制系统电气图常见的种类有供电系统图、控制电路图、安装接线图、功能图和平面布置图等，其中以供电系统图、控制电路图、安装接线图最为常用。本节通过几个具体的实例来介绍这 3 种电气图的绘制方法。

本节分供电系统图、控制电路图和安装接线图 3 个逐步深入的步骤完成电动机控制电路的设计。绘制思路如下：先绘制图纸布局，即绘制主要的导线，然后分别绘制各个主要的电气元件，并将各电气元件插入到导线之间，最后添加注释和文字。

9.2.1 电动机供电系统图

为了表示电动机的供电关系，可采用如图 9-1 所示的供电系统图。这个图主要表示电能由 380V 三相电源经熔断器 FU、接触器 KM 的主触点、热继电器

扫一扫

FR 的热元件，输入到三相电动机 M 的 3 个接线端 U、V、W。

STEP 绘制步骤

1. 设置绘图环境

❶ 建立新文件。打开 AutoCAD 2018 应用程序，单击"快速访问"工具栏中的"新建"按钮□，以"无样板打开 - 公制"创建一个空白文档，单击"快

速访问"工具栏中的"保存"按钮 ![save]，设置保存路径，取名为"电动机供电系统图 .dwg"，并保存。

图 9-1　电动机供电系统图

❷ 开启栅格。单击状态栏中的"栅格显示"按钮，或者使用快捷键 F7，在绘图窗口中显示栅格，命令行中会提示"命令: < 栅格 开 >"。若想关闭栅格，可以再次单击状态栏中的"栅格"按钮，或者使用快捷键 F7。

2. 绘制各电气元件

❶ 绘制电动机。

（1）绘制圆。单击"默认"选项卡"绘图"面板中的"圆"按钮 ![circle]，命令行提示与操作如下。

```
命令: _circle
指定圆的圆心或 [ 三点 (3P)/ 两点 (2P)/ 切点、
切点、半径 (T) ] (指定圆的圆心)
指定圆的半径或 [ 直径 (D) ]: 8 ✓ (输入圆的半径
为 8mm)
```

这样就绘制了一个半径为 8mm 的圆，如图 9-2（a）所示。

（2）绘制竖直直线。单击"默认"选项卡"绘图"面板中的"直线"按钮 ![line]，命令行提示与操作如下。

```
命令: _line
指定第一个点: (输入第 1 点的坐标)
指定下一点或 [ 放弃 (U) ]: @0, 24　 (以相对形
式输入第 2 点坐标, 长度 24mm)
指定下一点或 [ 放弃 (U) ]: ✓ (右键或者按 Enter
键)
```

绘制结果如图 9-2（b）所示。

（3）绘制倾斜直线。关闭"正交"功能，启动"极轴"绘图方式。单击"默认"选项卡"绘图"面板中的"直线"按钮 ![line]，用鼠标捕捉圆心，以其为起点，绘制一条与竖直方向成 45° 角，长度为 40mm 的倾斜直线 2，如图 9-2（c）所示。命令行提

示与操作如下。

```
命令: _line 指定第一个点: (选择圆心)
指定下一点或 [ 放弃 (U) ]: @40<45 ✓
指定下一点或 [ 放弃 (U) ]: ✓ (右键或者按 Enter
键)
```

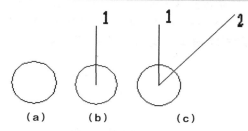

图 9-2　绘制电动机

（4）镜像直线。单击"默认"选项卡"修改"面板中的"镜像"按钮 ![mirror]，命令行提示与操作如下。

```
命令: _mirror
选择对象: 找到 1 个 ✓ (选中直线 2)
选择对象: ✓ (右键或者按 Enter 键)
指定镜像线的第一点: 指定镜像线的第二点: (分
别选择直线 1 的两个端点作为轴线)
要删除源对象吗? [ 是 (Y)/ 否 (N) ] <N>: ✓ (N:
不删除原有直线; Y: 删除原有直线)
```

镜像后的效果如图 9-3 所示。

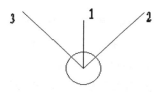

图 9-3　镜像直线

（5）绘制水平直线。关闭"极轴"功能，激活"正交"绘图方式。单击"默认"选项卡"绘图"面板中的"直线"按钮 ![line]，用鼠标捕捉直线 1 的上端点，以其为起点，向右绘制一条长度为 40mm 的水平直线 4，如图 9-4（a）所示。

（6）镜像直线。单击"默认"选项卡"修改"面板中的"镜像"按钮 ![mirror]，用轴对称的方式指定直线 4 作镜像操作，镜像线为直线 1，镜像后的效果如图 9-4（b）所示。

（7）修剪直线。单击"默认"选项卡"修改"面板中的"修剪"按钮 ![trim]，命令行提示与操作如下。

```
命令: _trim ✓
选择对象或 < 选择全部 > (选择直线 4)
```

选择对象：✓（按 Enter 键或者右键）

选择要修剪的对象，或按住 Shift 键选择要延伸的对象，或

[栏选 (F) / 窗交 (C) / 投影 (P) / 边 (E) / 删除 (R) / 放弃 (U)]：（选择直线 2 和直线 3 在直线 4 上的部分后按 Enter 键）

这样就完成了以直线 4 为剪切边，对直线 2 和直线 3 的修剪，修剪后的效果如图 9-4（c）所示。

（a）

（b）

（c）

图 9-4　添加直线

（8）删除直线。单击"默认"选项卡"修改"面板中的"删除"按钮，删除直线 4。

（9）绘制竖直直线。单击"默认"选项卡"绘图"面板中的"直线"按钮，在"对象捕捉"和"正交模式"绘图方式下，用鼠标捕捉直线 2 的上端点，以其为起点，向上绘制长度为 10mm 的竖直直线，用相同的方法分别捕捉直线 1 和 3 的上端点作为起点，向上绘制长度为 10mm 的竖直直线，效果如图 9-5（a）所示。

（10）修剪图形。单击"默认"选项卡"修改"面板中的"修剪"按钮，修剪掉圆以内的直线，得到如图 9-5（b）所示的结果，就是绘制完成的电动机的图形符号，将其保存为图块可随时利用。

（a）　　　　　（b）

图 9-5　完成电动机绘制

❷ 绘制热继电器。

（1）绘制矩形。单击"默认"选项卡"绘图"面板中的"矩形"按钮，绘制一个长为 72mm，宽为 24mm 的矩形。

（2）分解矩形。单击"默认"选项卡"修改"面板中的"分解"按钮，将绘制的矩形分解为直线 1、2、3、4，如图 9-6（a）所示。

（3）偏移直线。单击"默认"选项卡"修改"面板中的"偏移"按钮，以直线 1 为起始，向下绘制两条水平直线，偏移量分别为 6mm 和 12mm，以直线 4 为起始向左绘制两条竖直直线，偏移量分别为 17mm 和 19mm，如图 9-6（b）所示。

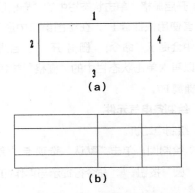

（a）

（b）

图 9-6　绘制矩形

（4）修剪图形。分别单击"默认"选项卡"修改"面板中的"修剪"按钮和"删除"按钮，修剪图形并删除掉多余的直线，得到如图 9-7（a）所示的结果。

（5）单击"默认"选项卡"修改"面板中的"拉长"按钮，拉长线段。命令行提示与操作如下。

命令：_lengthen

选择对象或 [增量 (DE) / 百分数 (P) / 全部 (T) / 动态 (DY)]：DE

输入长度增量或 [角度 (A)] <0.0000>：15（15 为拉伸长度）

选择要修改的对象或 [放弃 (U)]：（选择直线 5 的上半部分）

选择要修改的对象或 [放弃 (U)]：（选择直线 5 的下半部分）

选择要修改的对象或 [放弃 (U)]：（拉长完毕按 Enter 键）

效果如图 9-7（b）所示。

（a）　　　　　　（b）

图9-7　绘制直线

（6）偏移直线。单击"默认"选项卡"修改"面板中的"偏移"按钮 ，以直线5为起始，分别向左和向右绘制两条竖直直线6和7，偏移量为24mm，如图9-8（a）所示。

（7）修剪直线。单击"默认"选项卡"修改"面板中的"修剪"按钮 ，以各水平直线为剪切边，对直线5、6和7进行修剪，单击"默认"选项卡"修改"面板中的"打断"按钮 ，对中间的直线进行打断，得到如图9-8（b）所示的结果，这就是绘制完成的热继电器的图形符号，将其保存为图块后可随时利用。

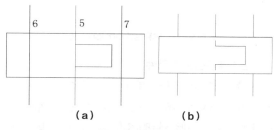

（a）　　　　　　（b）

图9-8　修剪图形

❸ 绘制接触器。

（1）绘制竖直直线。单击"默认"选项卡"绘图"面板中的"直线"按钮 ，绘制长度为60mm的竖直直线1，如图9-9（a）所示。

（2）绘制倾斜直线。单击"默认"选项卡"绘图"面板中的"直线"按钮 ，在"对象捕捉"和"极轴"绘图方式下，用鼠标捕捉直线1的下端点，以其为起点，绘制一条与水平方向成120°角，长度为14mm的倾斜直线2，如图9-9（b）所示。

（3）移动直线。单击"默认"选项卡"修改"面板中的"移动"按钮 ，将直线2沿竖直方向向上平移15mm，命令行提示与操作如下。

```
命令：_move
选择对象：　找到一个（用鼠标选择直线2）
```

选择对象：✓（右键或按 Enter 键）
指点基点或［位移（D）］<位移>（右键或按
Enter 键）
指定位移 <0.0000, 0.0000, 0.0000>：
@0,15,0 ✓

移动后结果如图9-9（c）所示。

（4）绘制圆。单击"默认"选项卡"绘图"面板中的"圆"按钮 ，用鼠标捕捉直线1的上端点，以其为圆心，绘制一个半径为3mm的圆，命令行提示与操作如下。

```
命令：_circle
指定圆的圆心或［三点（3P）/两点（2P）/切点、切
点、半径（T）]（在对象捕捉模式下用鼠标拾取直线1
的上端点）
指定圆的半径或［直径（D）]：3 ✓（输入圆的半径
为3mm）
```

绘制得到的圆如图9-9（d）所示。

（5）移动圆。单击"默认"选项卡"修改"面板中的"移动"按钮 ，将第（4）步绘制的圆沿竖直方向向下平移30mm，命令行提示与操作如下。

```
命令：_move
选择对象：　找到一个（用鼠标选择圆）
选择对象：✓（右键或按 Enter 键）
指点基点或［位移（D）］<位移>（右键或按
Enter 键）
指定位移 <0.0000, 0.0000, 0.0000>：@0,-
30,0 ✓
```

移动后结果如图9-9（e）所示。

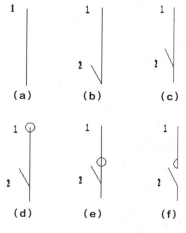

（a）　　　（b）　　　（c）

（d）　　　（e）　　　（f）

图9-9　绘制接触器

（6）修剪图形。分别单击"默认"选项卡"修改"面板中的"修剪"按钮 和"删除"按钮 ，分别

对直线 1 和圆进行修剪，并删除掉多余的图形，得到如图 9-9（f）所示的结果。

（7）阵列图形。单击"默认"选项卡"修改"面板中的"矩形阵列"按钮，设置"行数"为 1，"列数"为 3，"间距"为 24，阵列结果如图 9-10 所示。

图 9-10　阵列结果

（8）绘制直线。单击"默认"选项卡"绘图"面板中的"直线"按钮，绘制一条虚线，最终完成接触器的图形符号的绘制，如图 9-11 所示。

图 9-11　绘制直线

❹ 绘制电阻及其连接线。

（1）绘制直线。单击"默认"选项卡"绘图"面板中的"直线"按钮，绘制长度为 50mm 的直线 1，如图 9-12（a）所示。

（2）绘制矩形。单击"默认"选项卡"绘图"面板中的"矩形"按钮，以直线 1 上端点为起始点绘制一个长为 20mm，宽为 8mm 的矩形，如图 9-12（b）所示。

（3）移动矩形。单击"默认"选项卡"修改"面板中的"移动"按钮，将矩形向左移动 4mm，向下移动 12.5mm，命令行提示与操作如下。

```
命令：_move
选择对象：找到一个（用鼠标选择矩形）
选择对象：✓（右键或按 Enter 键）
指点基点或 [ 位移 (D)] <位移>✓（右键或按
Enter 键）
指定位移 <0.0000,0.0000,0.0000>：@-4,-
12.5,0 ✓
```

移动后的效果如图 9-12（c）所示。

（4）阵列图形。单击"默认"选项卡"修改"面板中的"矩形阵列"按钮，选择如图 9-12（c）所示的图形为阵列对象，设置"行数"为 1，"列数"为 3，"间距"为 24，结果如图 9-13 所示。

（a）　　（b）　　（c）

图 9-12　绘制电阻及其连线

图 9-13　阵列后的电阻及其连线

3. 连接各主要元件

❶ 平移热继电器。单击"默认"选项卡"修改"面板中的"移动"按钮，将热继电器的图形符号平移到电动机图形符号的附近，如图 9-14 和图 9-15 所示。

图 9-14　电动机

图 9-15　热继电器

❷ 连接电动机与热继电器。单击"默认"选项

卡"修改"面板中的"移动"按钮 ⊕，选择整个热继电器符号为平移对象，用鼠标捕捉其左端靠下外接线头 2 为平移基点，移动图形，并捕捉电动机左接线头 1 为目标点，平移后结果如图 9-16 所示。

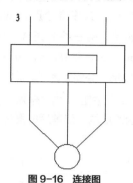

图 9-16　连接图

❸ 平移电阻及其连接线。单击"默认"选项卡"修改"面板中的"移动"按钮 ⊕，将电阻及其连接线图形符号平移到接触器图形符号的附近，如图 9-17 和图 9-18 所示。

图 9-17　接触器图形符号

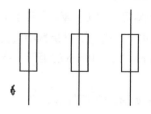

图 9-18　电阻图形符号

❹ 连接接触器与电阻。单击"默认"选项卡"修改"面板中的"移动"按钮 ⊕，选择整个电阻符号为平移对象，用鼠标捕捉其左端靠下外接线头 6 为平移基点，移动图形，并捕捉接触器左接线头 5 为目标点，平移后结果如图 9-19 所示。

❺ 连接热继电器与接触器。单击"默认"选项卡"修改"面板中的"移动"按钮 ⊕，选择整

个电动机与热继电器为平移对象，用鼠标捕捉其左端靠上外接线头 3 为平移基点，移动图形，并捕捉接触器左接线头 4 为目标点，平移后结果如图 9-20 所示。

图 9-19　连接图　　图 9-20　电动机供电系统图

4．添加注释文字

❶ 创建文字样式。单击"默认"选项卡"注释"面板中的"文字样式"按钮 A，打开"文字样式"对话框，创建一个样式名为"电动机供电系统图"的文字样式，"字体名"设置为"仿宋_GB2312"，"字体样式"设置为"常规"，"高度"设置为10，"宽度因子"设置为0.7。

❷ 添加注释文字。单击"默认"选项卡"注释"面板中的"多行文字"按钮 A，一次输入几行文字，然后调整其位置，以对齐文字。调整位置的时候，可结合使用正交命令。

添加注释文字后，即完成了整张图纸的绘制。

9.2.2 | 电动机控制电路图

电动机控制电路图属于一种原理图，是在供电线路图上添加控制电路构成的，效果如图 9-21 所示。由图 9-21 可以看出该电动机的控制原理，接触器 KM 的触

扫一扫

点是由其释放线圈来控制的。该线圈所在的回路是：电源相线 L—热继电器 FR 的动断（常闭）触点—按钮 S2（闭）—按钮 S1（常开）—接触器 KM 的释放线圈—电源中性线 N。当按下按钮 S1 时，回路接通，接触器 KM 动作，并通过其常开辅助触点自锁，

电动机 M 启动运转。其中的热继电器 FR 起过载保护作用。

图 9-21 电动机控制电路图

绘制步骤

1. 设置绘图环境

❶ 建立新文件。打开 AutoCAD 2018 应用程序，以"无样板打开 - 公制"建立新文件，单击"快速访问"工具栏中的"保存"按钮，将新文件命名为"电动机控制电路图 .dwt"并保存。

❷ 开启栅格。单击状态栏中的"栅格显示"按钮，或者使用快捷键 F7，在绘图窗口中显示栅格，命令行中会提示"命令: < 栅格开 >"。若想关闭栅格，可以再次单击状态栏中的"栅格显示"按钮，或者使用快捷键 F7。

❸ 设置图层。各图层设置如图 9-22 所示，虚线层线型加载设置为 CENTER2,同时关闭图框层。

图 9-22 图层设置

2. 绘制控制回路连接线

❶ 绘制矩形。单击"默认"选项卡"绘图"面板中的"矩形"按钮，在屏幕中适当位置绘制一个长为 135mm，宽为 103mm 的矩形，结果如图 9-23（a）所示。

❷ 分解矩形。单击"默认"选项卡"修改"面板中的"分解"按钮，将矩形分解为 1、2、3、4 四段直线，如图 9-23（a）所示。

❸ 偏移直线。单击"默认"选项卡"修改"面板中的"偏移"按钮，以直线 1 为起始，向下绘制两条水平直线，偏移量分别为 30mm 和 21mm，以直线 2 为起始，向右绘制直线，偏移量分别为 32mm、32mm、32mm 和 18mm，如图 9-23（b）所示。

❹ 修剪图形。分别单击"默认"选项卡"修改"面板中的"修剪"按钮和"删除"按钮，修剪并删除掉多余的直线，修剪后的图形如图 9-23（c）所示。

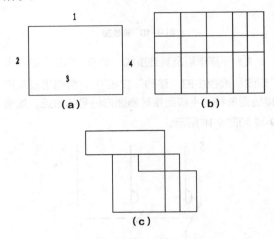

图 9-23 绘制连接线

3. 绘制各元器件

❶ 绘制矩形。单击"默认"选项卡"绘图"面板中的"矩形"按钮，在屏幕中适当位置绘制一个长为 7.5mm，宽为 10mm 的矩形，结果如图 9-24（a）所示。

❷ 分解矩形。单击"默认"选项卡"修改"面板中的"分解"按钮，将矩形分解为 1、2、3、4 四段直线，如图 9-24（a）所示。

❸ 绘制直线。启动"正交模式"绘图方式，单击"默认"选项卡"绘图"面板中的"直线"按钮，用鼠标分别捕捉直线 1 左右两端点，向左右分别绘制长为 7.5mm 的水平直线，如图 9-24(b) 所示。

❹ 绘制倾斜直线。在"对象捕捉"和"极轴追踪"绘图方式下，用鼠标捕捉直线 1 的右端点，以其为起点，绘制一条与水平线成 30° 的倾斜直线，

倾斜直线的终点刚好落在直线 3 上面，如图 9-24（c）所示。

图 9-24　绘制按钮开关 1（1）

❺ 偏移直线。单击"默认"选项卡"修改"面板中的"偏移"按钮 ⚏，以直线 2 为起始，向上绘制一条水平直线，偏移量为 3.5mm，以直线 3 为起始，向右绘制直线，偏移量为 3.75mm，如图 9-25（a）所示。

❻ 更改图形对象的图层属性。选中偏移得到的竖直直线，单击"默认"选项卡"图层"面板中的"图层特性"下拉列表框处的"虚线层"图层，将其替换。更改后的效果如图 9-25（b）所示。

❼ 修剪直线。分别单击"默认"选项卡"修改"面板中的"修剪"按钮 ✂ 和"删除"按钮 🗑，修剪并删除掉多余的直线，得到如图 9-25（c）所示的结果，这就是绘制完成的按钮开关 1。

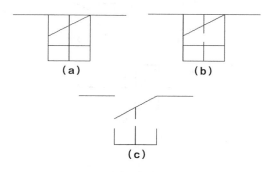

图 9-25　绘制按钮开关 1（2）

❽ 绘制竖直与水平直线。单击"默认"选项卡"绘图"面板中的"直线"按钮 ✎，绘制长度为 32mm 的竖直直线 1，如图 9-26（a）所示。重复执行"直线"命令，在"对象捕捉"和"正交模式"绘图方式下，用鼠标捕捉直线 1 的上端点，以其为起点，向右绘制一条长度为 8mm 的水平直线 2，如图 9-26（b）所示。

❾ 平移水平直线。单击"默认"选项卡"修改"面板中的"移动"按钮 ✛，将直线 2 竖直向下平移

10mm，平移后的结果如图 9-26（c）所示。

❿ 绘制倾斜直线。关闭"正交模式"功能，启动"极轴追踪"绘图方式。用鼠标捕捉直线 1 的下端点，以其为起点，绘制一条与水平方向成 60° 角，长度为 16mm 的直线 3，如图 9-26（d）所示。

⓫ 平移倾斜直线。单击"默认"选项卡"修改"面板中的"移动"按钮 ✛，将直线 3 竖直向上平移 10mm，平移后的结果如图 9-26（e）所示。

⓬ 修剪直线 1。单击"默认"选项卡"修改"面板中的"修剪"按钮 ✂，以直线 2 和直线 3 为剪切边，对直线 1 进行修剪，修剪掉直线 1 在直线 2 和直线 3 之间的部分，修剪后的结果如图 9-26（f）所示，将修剪后的结果保存为图块。

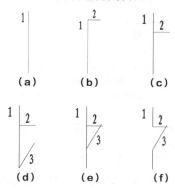

图 9-26　绘制按钮开关 2（1）

⓭ 旋转图形。单击"默认"选项卡"修改"面板中的"旋转"按钮 ⟳，命令行提示与操作如下。

```
命令：_rotate ✓
UCS 当前的正角方向：    ANGDIR= 逆时针
ANGBASE=0
选择对象：（选择上面绘制的整个图形）
选择对象：（右键或按 Enter 键）
指定基点：（选择直线 1 上端点）
指定旋转角度 或 [复制（C）参照（F）] <90>：（输入旋转角度 90 后按 Enter 键）
```

旋转后的结果如图 9-27（a）所示。

⓮ 绘制直线。单击"默认"选项卡"绘图"面板中的"直线"按钮 ✎，以直线 2 为起点，竖直向下绘制一条长为 18mm 的直线 4，以所绘直线终点为起点，水平向右绘制一条长为 12mm 的直线 5，继续以所绘水平直线终点为起点，竖直向上绘制一条长为 18mm 的直线 6，绘制结果如图 9-27（b）

所示。

⑮ 偏移直线。单击"默认"选项卡"修改"面板中的"偏移"按钮 ⟳，将直线 6 水平向左偏移 5mm 得到直线 7，将直线 5 竖直向上偏移 5mm，偏移后的结果如图 9-27（c）所示。

（a）　　　（b）　　　（c）

图 9-27　绘制按钮开关 2（2）

⑯ 延伸直线 7 并更改图形对象的图层属性。单击"默认"选项卡"修改"面板中的"延伸"按钮 ⟶⟋，命令行提示与操作如下。

```
命令：_extend
当前设置：投影=UCS，边=无
选择边界的边 …
选择对象或 <全部选择>：（选择直线 7）
选择对象：（右键或按 Enter 键）
选择要延伸的对象，或按住 Shift 键选择要修剪的对象，或
[栏选(F)/窗交(C)/投影(P)/边(E)/放弃(U)]：
（选择直线 7）
```

选中直线 7，单击"图层"工具栏中的下三角按钮 ☑，打开下拉菜单，单击鼠标左键选择"虚线层"，将其图层属性设置为"虚线层"。延伸与更改图层后的效果如图 9-28（a）所示。

⑰ 分别单击"默认"选项卡"修改"面板中的"修剪"按钮 ⟋⟋ 和"删除"按钮 ⟋，修剪并删除掉多余的直线，得到如图 9-28（b）所示的结果，将直线 5、6、7 修剪后剩下的线段整体向右平移 1mm，得到的图形就是绘制完成的按钮开关 2，如图 9-28（c）所示。

（a）　　　（b）　　　（c）

图 9-28　完成绘制

⑱ 绘制矩形。单击"默认"选项卡"绘图"面板中的"矩形"按钮 ▭，在屏幕中适当位置绘制一个长为 20mm，宽为 10mm 的矩形，结果如图 9-29（a）所示。

⑲ 绘制直线。单击"默认"选项卡"绘图"面板中的"直线"按钮 ⟋，启动"正交模式"和"对象捕捉"命令，以矩形左边中点为起始点，水平向左绘制一条长为 10mm 的直线，以矩形右边中点为起始点，水平向右绘制一条长为 30mm 的直线，至此，接触器线圈就绘制完成了，绘制结果如图 9-29（b）所示。

（a）　　　　　　　（b）

图 9-29　接触线圈

4. 完成控制回路

图 9-30 所示为控制回路中用到的各种元件，其中图 9-30（a）为按钮开关 2，图 9-30（b）为按钮开关 1，图 9-30（c）为接触线圈，图 9-30（d）为热继电器常闭触点，图 9-30（e）为熔断器，图 9-30（f）为常开触点。

图 9-30　各种元件

图 9-31 所示为前面绘制完成的控制回路的连接线，下面将绘制的各种元件插入到控制回路的连接线中。

❶ 插入按钮开关 2。单击"默认"选项卡"修改"面板中的"移动"按钮 ✥，在"对象捕捉"绘

图方式下，用鼠标捕捉图 9-30（a）中端点 $P1$ 作为平移基点，移动鼠标，在图 9-31 所示的控制回路连接线图中，用鼠标捕捉 a 点作为平移目标点，将按钮开关 2 平移到连接图中来。

图 9-31　控制回路连接图

❷ 插入按钮开关 1。单击"默认"选项卡"修改"面板中的"移动"按钮✛，在"对象捕捉"绘图方式下，用鼠标捕捉图 9-30（b）中端点 $P3$ 作为平移基点，移动鼠标，在如图 9-31 所示的控制回路连接线图中，用鼠标捕捉 b 点作为平移目标点，将按钮开关 1 平移到连接图中来。

❸ 插入接触线圈。单击"默认"选项卡"修改"面板中的"移动"按钮✛，在"对象捕捉"绘图方式下，用鼠标捕捉图 9-30（c）中端点 $P5$ 作为平移基点，移动鼠标，在如图 9-31 所示的控制回路连接线图中，用鼠标捕捉 c 点作为平移目标点，将接触线圈平移到连接图中来。

❹ 插入热继电器常闭触点。单击"默认"选项卡"修改"面板中的"移动"按钮✛，在"对象捕捉"绘图方式下，用鼠标捕捉图 9-30（d）中端点 $P7$ 作为平移基点，移动鼠标，在如图 9-31 所示的控制回路连接线图中，用鼠标捕捉 g 点作为平移目标点，将热继电器常闭触点平移到连接图中来。

❺ 插入熔断器。单击"默认"选项卡"修改"面板中的"移动"按钮✛，在"对象捕捉"绘图方式下，用鼠标捕捉图 9-30（e）中端点 $P9$ 作为平移基点，移动鼠标，用鼠标捕捉 $P8$ 点作为平移目标点，将熔断器平移到连接图中来。

❻ 插入常开触点。单击"默认"选项卡"修改"面板中的"移动"按钮✛，在"对象捕捉"绘图方式下，用鼠标捕捉图 9-30（f）中端点 $P10$ 作为平移基点，移动鼠标，在如图 9-31 所示的控制回路连接线图中，用鼠标捕捉 f 点作为平移目标点，将常开触点平移到连接图中来，如图 9-32 所示。

图 9-32　控制回路

❼ 复制供电系统图。单击"默认"选项卡"修改"面板中的"复制"按钮，将前面绘制的供电系统图复制到控制回路的右边，调整其到合适的位置，如图 9-33 所示。

图 9-33　复制供电系统图

❽ 绘制直线。单击"默认"选项卡"绘图"面板中的"直线"按钮，绘制如图 9-34 所示的中点和图 9-35 所示延长线上交点之间的连线。选中该直线，单击"默认"选项卡"图层"面板中的"图层特性"下拉列表框处的"虚线层"图层，将其替换，绘制结果如图 9-36 所示。

图 9-34　捕捉中点

图 9-35　捕捉延长线上的交点

图 9-36　绘制直线

❾ 单击"默认"选项卡"绘图"面板中的"直线"按钮╱，以图 9-37 所示的端点为起始点，向左绘制长度为 160mm 的直线，同理以图 9-38 所示的中点为起始点，向下绘制长度为 40mm 的直线。选中这两条直线，单击"默认"选项卡"图层"面板中的"图层特性"下拉列表框处的"虚线层"图层，将其替换。单击"默认"选项卡"修改"面板中的"修剪"按钮╱，修剪掉多余的直线，得到如图 9-39 所示的结果。

图 9-37　捕捉端点

❿ 单击"默认"选项卡"绘图"面板中的"直线"按钮╱，以图 9-40 所示直线端点为起始点，向

下绘制长度为 90mm 的直线，如图 9-41 所示。

图 9-38　捕捉中点

图 9-39　修剪图形

图 9-40　捕捉端点

图 9-41　绘制直线

5. 添加注释文字

❶ 创建文字样式。单击"默认"选项卡"注释"面板中的"文字样式"按钮，打开"文字样式"对话框，创建一个样式名为"电动机控制电路图"的文字样式，"字体名"设置为"仿宋_GB2312"，"字体样式"设置为"常规"，"高度"设置为10，"宽度因子"设置为0.7。

❷ 添加注释文字。单击"默认"选项卡"注释"面板中的"多行文字"按钮 A ，一次输入几行文字，然后调整其位置，以对齐文字。调整位置的时候，结合使用正交命令。

添加注释文字后，即完成了整张图纸的绘制，如图 9-21 所示。

9.2.3 电动机控制接线图

为了表示电气装置各元件之间的连接关系，必须要有一种安装接线图。图 9-42 表示了三相电源 L1、L2、L3 经熔断器 FU、接触器 KM、热继电器 FR 接至电动机 M 的接线关系。

图 9-42 电动机接线图

STEP 绘制步骤

1. 设置绘图环境

❶ 建立新文件。打开 AutoCAD 2018 应用程序，以"无样板打开 - 公制"建立新文件，单击"快速访问"工具栏中的"保存"按钮，将新文件命名为"电动机接线图 .dwt"并保存。

❷ 开启栅格。单击状态栏中的"栅格显示"按

钮，或者使用快捷键 F7，在绘图窗口中显示栅格，命令行中会提示"命令：< 栅格 开 >"。若想关闭栅格，可以再次单击状态栏中的"栅格显示"按钮，或者使用快捷键 F7。

2. 绘制线路结构图

❶ 单击"默认"选项卡"绘图"面板中的"多段线"按钮，绘制多段线。命令行提示与操作如下。

```
命令：_pline
指定起点：（在屏幕上合适位置选择一点）
当前线宽为：0.0000
指定下一个点或 [ 圆弧 (A)/ 半宽 (H)/ 长度 (L)/
放弃 (U)/ 宽度 (W)]：（输入 @0,-195 ✓）
指定下一个点或 [ 圆弧 (A)/ 闭合 (C) 半宽 (H)/ 长
度 (L)/ 放弃 (U)/ 宽度 (W)]：（输入 @92,0 ✓）
指定下一个点或 [ 圆弧 (A)/ 闭合 (C) 半宽 (H)/ 长
度 (L)/ 放弃 (U)/ 宽度 (W)]：（输入 @0,46 ✓）
指定下一个点或 [ 圆弧 (A)/ 闭合 (C) 半宽 (H)/ 长
度 (L)/ 放弃 (U)/ 宽度 (W)]：（输入 @-72,0 ✓）
指定下一个点或 [ 圆弧 (A)/ 闭合 (C) 半宽 (H)/ 长度
(L)/ 放弃 (U)/ 宽度 (W)]：（输入 @0,107 ✓）
指定下一个点或 [ 圆弧 (A)/ 闭合 (C) 半宽 (H)/ 长
度 (L)/ 放弃 (U)/ 宽度 (W)]：（输入 @72,0 ✓）
指定下一个点或 [ 圆弧 (A)/ 闭合 (C) 半宽 (H)/ 长度
(L)/ 放弃 (U)/ 宽度 (W)]：（输入 @0,-60 ✓）
指定下一个点或 [ 圆弧 (A)/ 闭合 (C) 半宽 (H)/ 长
度 (L)/ 放弃 (U)/ 宽度 (W)]：（输入 @24,0 ✓）
指定下一个点或 [ 圆弧 (A)/ 闭合 (C) 半宽 (H)/ 长
度 (L)/ 放弃 (U)/ 宽度 (W)]：（输入 @0,102 ✓）
指定下一个点或 [ 圆弧 (A)/ 闭合 (C) 半宽 (H)/ 长
度 (L)/ 放弃 (U)/ 宽度 (W)]：（输入 @100,0 ✓）
指定下一个点或 [ 圆弧 (A)/ 闭合 (C) 半宽 (H)/ 长
度 (L)/ 放弃 (U)/ 宽度 (W)]：✓
```

绘制结果如图 9-43 所示。

图 9-43 绘制多线段

❷ 分解多段线。单击"默认"选项卡"修改"面板中的"分解"按钮，将多段线进行分解。

❸ 偏移直线。单击"默认"选项卡"修改"面板中的"偏移"按钮，以直线 ab 为起始，向左绘制两条竖直直线，偏移量分别为 24mm 和 24mm，如图 9-44 所示。

图 9-44　偏移直线

3. 绘制元器件——端子排

❶ 单击"默认"选项卡"绘图"面板中的"矩形"按钮▭，绘制一个长为 72mm，宽为 15mm 的矩形，绘制结果如图 9-45（a）所示。

❷ 单击"默认"选项卡"修改"面板中的"分解"按钮，把该矩形分解为 4 条直线。

❸ 单击"默认"选项卡"修改"面板中的"偏移"按钮，把矩形的左右两边向内偏移复制一份，偏移的距离是 24mm，偏移后的结果如图 9-45（b）所示。

（a）　　　　　　（b）
图 9-45　绘制矩形

❹ 单击"默认"选项卡"绘图"面板中的"直线"按钮，启动"正交模式"和"对象捕捉"绘图方式，捕捉到如图 9-46（a）所示矩形一边的中点，竖直向下绘制长度为 15mm 的直线，绘制结果如图 9-46（b）所示。

❺ 单击"默认"选项卡"修改"面板中的"偏移"按钮，把刚才绘制的直线向左右两边各偏移复制一份，偏移距离为 24mm，偏移结果如图 9-46（c）所示。

（a）　　　　（b）　　　　（c）
图 9-46　偏移结果

❻ 单击"默认"选项卡"修改"面板中的"镜像"按钮，以如图 9-47（a）所示的中点水平直线为对称轴，把虚线所示的线条对称复制一份，镜像结果如图 9-47（b）所示。

4. 将各个元器件插入结构图

❶ 使用剪贴板，从以前绘制过的图形中复制

需要的元件符号，如图 9-48 所示。其中图 9-48（a）为电动机符号，图 9-48（b）为热继电器符号，图 9-48（c）为接触器主触点符号，图 9-48（d）为熔断器符号，图 9-48（e）为热继电器动断常闭触点符号，图 9-48（f）为开关符号。

（a）　　　　　　　（b）
图 9-47　镜像结果

（a）　　（b）　　（c）
（d）　　（e）　　（f）
图 9-48　各种元器件符号

❷ 插入熔断器。单击"默认"选项卡"修改"面板中的"移动"按钮，在"对象捕捉"绘图方式下，用鼠标捕捉熔断器符号上 P 点作为平移基点，移动鼠标，用鼠标捕捉图 9-49（a）中 a 点作为平移目标点，将熔断器平移到连接图中来，如图 9-49（a）所示。

（a）　　　　　　（b）
图 9-49　插入熔断器

❸ 绘制直线。单击"默认"选项卡"绘图"面板中的"直线"按钮，在图 9-49（a）中以点 b 为直线的起始点，点 f 为直线的终止点绘制直线，绘制结果如图 9-49（b）所示。

❹ 插入端子排。单击"默认"选项卡"修改"

面板中的"移动"按钮，在"对象捕捉"绘图方式下，用鼠标捕捉端子排符号［图 9-50（a）］的端点作为平移基点，移动鼠标，用鼠标捕捉图 9-50(b)中 c 点作为平移目标点，将端子排平移到连接图中来，结果如图 9-50（b）所示。

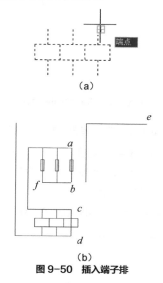

图 9-50　插入端子排

❺ 插入接触器触点。单击"默认"选项卡"修改"面板中的"移动"按钮，在"对象捕捉"绘图方式下，用鼠标捕捉接触器符号上 n 点作为平移基点，移动鼠标，用鼠标捕捉图 9-50（b）中 e 点作为平移目标点，将接触器触点平移到连接图中来，结果如图 9-51（a）所示。

❻ 绘制矩形。单击"默认"选项卡"绘图"面板中的"矩形"按钮，在合适的位置绘制一个长为 120mm，宽为 35mm 的矩形，绘制结果如图 9-51（b）所示。

(a)　　　　　　　　　(b)

图 9-51　插入接触器触点

❼ 绘制直线。单击"默认"选项卡"绘图"面板中的"直线"按钮，分别以接触器触点下端点为直线的起始点竖直向下绘制直线，长度分别为

30mm、60mm、30mm，并连接左右两直线的终止点，绘制结果如图 9-52（a）所示。

❽ 插入热继电器。单击"默认"选项卡"修改"面板中的"移动"按钮，在"对象捕捉"绘图方式下，用鼠标捕捉热继电器符号［图 9-48（b）］的 m 点作为平移基点，移动鼠标，用鼠标捕捉图 9-52（a）中 r 点作为平移目标点，将热继电器平移到连接图中来，结果如图 9-52（b）所示。

图 9-52　插入热继电器

❾ 插入电动机。单击"默认"选项卡"修改"面板中的"移动"按钮，在"对象捕捉"绘图方式下，用鼠标捕捉电动机符号［图 9-53（a）］的端点作为平移基点，移动鼠标，用鼠标捕捉图 9-53(b)中 o 点作为平移目标点，将电动机平移到连接图中来，结果如图 9-53（b）所示。单击"默认"选项卡"修改"面板中的"删除"按钮，删除掉多余的直线，得到如图 9-54 所示的结果。

(a)　　　　　　　　　(b)

图 9-53　插入电动机

图 9-54 修剪图形

⑩ 插入热继电器触点。单击"默认"选项卡"修改"面板中的"移动"按钮✛，在"对象捕捉"绘图方式下，用鼠标捕捉热继电器触点，并将其移动到热继电器右边合适的位置，结果如图 9-55 所示。

5. 添加注释文字

❶ 创建文字样式。单击"默认"选项卡"注释"面板中的"文字样式"按钮，打开"文字样式"对话框，创建一个名为"电动机接线图"的文字样式，"字体名"设置为"仿宋_GB2312"，"字体样

式"设置为"常规"，"高度"设置为 10，"宽度因子"设置为 0.7。

图 9-55 插入热继电器触点

❷ 添加注释文字。单击"默认"选项卡"注释"面板中的"多行文字"按钮Ａ，一次输入几行文字，然后调整其位置，以对齐文字。调整位置的时候，结合使用"正交"命令。

添加注释文字后，即完成了整张图纸的绘制，最终效果如图 9-42 所示。

9.3 综合实例——C630 车床电气原理图

C630 型车床的电气原理图如图 9-56 所示，从图中可以看出，C630 型车床的主电路有两台电动机，主轴电动机 M1 拖动主轴旋转，采用直接启动。电动机 M2 为冷却泵电动机，用转换开关 QS2 操作其启动和停止。

图 9-56 C630 型车床的电气原理图

M2 由熔断器 FU1 作短路保护，热继电器 FR2 作过载保护，M1 只有 FR1 过载保护。合上总电源开关 QS1 后，按下启动按钮 SB2，接触器 KM 吸合并自锁，M1 启动并运转。要停止电动机时，按下停止按钮 SB1 即可。由变压器 T 将 380V 交流电压转变成 36V 安全电压，供给照明灯 EL。

　　C630 型车床的电气原理图由 3 部分组成、其中从电源到两台电动机的电路称为主回路；而由继电器、接触器等组成的电路称为控制回路；第 3 部分是照明回路。

　　绘制这样的电气图分为以下几个阶段，首先按照线路的分布情况绘制主连接线；然后分别绘制各个元器件，将各个元器件按照顺序依次用导线连接成图纸的 3 个主要组成部分，把 3 个主要组成部分按照合适的尺寸平移到对应的位置，最后添加文字注释。

9.3.1 | 设置绘图环境

❶ 建立新文件。打开 AutoCAD 2018 应用程序，单击快速访问工具栏中的"新建"按钮，打开"选择样板"对话框，以"无样板打开 - 公制（M）"方式打开一个新的空白图形文件，将新文件命名为"C630 车床的电气原理图 .dwt"并保存。

❷ 开启栅格。单击状态栏中的"栅格显示"按钮，或者使用快捷键 F7，在绘图窗口中显示栅格，命令行中会提示"命令：< 栅格 开 >"。若想关闭栅格，可以再次单击状态栏中的"栅格显示"按钮，或者使用快捷键 F7。

❸ 设置图层。图层设置有"实体符号层""文字层""虚线层"，将虚线层线型设置为 CENTER2，同时关闭图框层。

9.3.2 | 绘制主连接线

❶ 绘制水平线。单击"默认"选项卡"绘图"面板中的"直线"按钮，绘制长度为 435mm 的直线 1，绘制结果如图 9-57 所示。

❷ 偏移水平线。单击"默认"选项卡"修改"面板中的"偏移"按钮，以直线 1 为起始，向下绘制两条水平直线 2 和 3，偏移量为 24mm，如图 9-57 所示。

图 9-57　绘制直线并偏移

❸ 绘制竖直直线。单击"默认"选项卡"修改"面板中的"偏移"按钮，并启动"对象追踪"功能，用鼠标分别捕捉直线 1 和直线 3 的左端点，连接起来，得到直线 4，如图 9-58 所示。

图 9-58　绘制竖直直线

❹ 拉长直线。单击"默认"选项卡"修改"面板中的"拉长"按钮，把直线 4 竖直向下拉长 30mm，命令行提示与操作如下。

```
命令：_lengthen
选择对象或 [ 增量 (DE) / 百分数 (P) / 全部 (T) /
动态 (DY) ]：DE ✓
输入长度增量或 [ 角度 (A) ]<0.0000>：30 ✓
选择要修改的对象或 [ 放弃 (U) ]：( 选择直线 4)
选择要修改的对象或 [ 放弃 (U) ]：✓
```

绘制结果如图 9-59 所示。

图 9-59　拉长直线

❺ 偏移直线。单击"默认"选项卡"修改"面板中的"偏移"按钮，以直线 4 为起始，依次向右绘制一组竖直直线，偏移量依次为 76mm、24mm、24mm、166mm、34mm、111mm，结果如图 9-60 所示。

图 9-60　偏移直线

❻ 修剪或删除直线。单击"默认"选项卡"修改"面板中的"修剪"按钮 ⊬ 和"删除"按钮 ✐，对图形进行修剪，并删除直线4，结果如图9-61所示。

图9-61 主连接线

9.3.3 绘制主回路

1. 连接主电动机 M1 与热继电器

❶ 单击"默认"选项卡"块"面板中的"插入"按钮 🗒，系统打开"插入"对话框。单击"浏览"按钮，选择"交流电动机（M）"图块为插入对象，"插入点"选择在屏幕上指定，选中"统一比例"复选框，在"比例"选项组中设置 X 值为4，然后单击"确定"按钮。按同样的方法插入热继电器，如图9-62（a）和9-62（b）所示。

❷ 绘制直线。单击"默认"选项卡"绘图"面板中的"直线"按钮 ╱，用鼠标捕捉电动机符号的圆心，以其为起点，竖直向上绘制长度为36mm的直线，如图9-62（b）所示。

图9-62 连接图

❸ 连接主电动机 M1 与热继电器。单击"默认"选项卡"修改"面板中的"移动"按钮 ✛，选择整个电动机为平移对象，用鼠标捕捉图9-62（b）所示直线端点1为平移基点，移动图形，并捕捉图9-62（a）所示热继电器中间接线头2为目标点，平移后结果如图9-62（c）所示。

❹ 单击"默认"选项卡"绘图"面板中的"直线"按钮 ╱，以热继电器左右触角线的下端点为起点向下补全直线到电动机符号，其结果如图9-63（a）所示。

❺ 修剪直线。单击"默认"选项卡"修改"面板中的"修剪"按钮 ⊬，修剪掉多余的直线，修剪结果如图9-63（b）所示。

图9-63 修剪直线

2. 插入接触器主触点

❶ 单击"默认"选项卡"块"面板中的"插入"按钮 🗒，系统打开"插入"对话框。单击"浏览"按钮，选择"接触器主触点（KM1）"图块为插入对象，"插入点"选择在屏幕上指定，其他为默认值，然后单击"确定"按钮。插入到绘图区后利用"复制"命令，向右复制距离为24mm、48mm。结果如图9-64（a）所示。

❷ 单击"默认"选项卡"绘图"面板中的"直线"按钮 ╱，绘制长度为165mm 的竖直线段，绘制结果如图9-64（b）所示。

❸ 连接接触器主触点与热继电器。单击"默认"选项卡"修改"面板中的"移动"按钮 ✛，选择接触器主触点为平移对象，用鼠标捕捉图9-64（a）中直线端点3为平移基点，移动图形，并捕捉图9-64（b）中热继电器右边接线头4为目标点，平移后结果如图9-64（c）所示。

❹ 绘制直线。单击"默认"选项卡"绘图"面板中的"直线"按钮，以接触器主触点符号中点 3 为起始点，水平向左绘制长度为 48mm 的直线 L。

❺ 平移直线。单击"默认"选项卡"修改"面板中的"移动"按钮，将直线 L 向左平移 4mm，向上平移 7mm，平移后的效果图如图 9-64（d）所示。选中这条直线，将其设置成虚线，得到如图 9-64（e）所示的结果。

图 9-64　插入接触器主触点

3. 连接冷却泵电动机 M2 与热继电器

❶ 单击"默认"选项卡"块"面板中的"插入"按钮，系统打开"插入"对话框。单击"浏览"按钮，选择"熔断器（FU1）"图块为插入对象，"插入点"选择在屏幕上指定，选中"统一比例"复选框，在"比例"选项组中设置 X 值为 2，"插入点"选择在屏幕上指定，其他按照默认值即可，然后单击"确定"按钮。插入到绘图区，单击"默认"选项卡"修改"面板中的"复制"按钮，向右复制距离为 24mm、48mm，结果如图 9-65（a）所示。

❷ 使用剪贴板，从以前绘制过的图形中复制需要的元件符号，如图 9-65（b）所示。

图 9-65　熔断器与热继电器连接图

❸ 连接熔断器与热继电器。单击"默认"选项卡"修改"面板中的"移动"按钮，选择熔断器为平移对象，用鼠标捕捉图 9-65（a）中直线端点 6 为平移基点，移动图形，并捕捉图 9-65（b）中热继电器右边接线头 5 为目标点，平移后结果如图 9-65（c）所示。

4. 连接熔断器与转换开关

❶ 单击"默认"选项卡"块"面板中的"插入"按钮，系统弹出"插入"对话框。单击"浏览"按钮，选择"转换开关"图块为插入对象，选择在屏幕上指定插入点，其他保持默认设置即可，然后单击"确定"按钮。如图 9-66（a）所示。

图 9-66　主电路连接图

❷ 单击"默认"选项卡"修改"面板中的"移动"按钮，选择转换开关为平移对象，将选择开关移动到如图 9-66（c）所示的位置；修改添加的文字，将电动机中的文字"M1"修改为"M2"，结果如图 9-66（c）所示。

❸ 绘制连接线，完成主电路的连接图。

9.3.4 | 绘制控制回路

1. 绘制控制回路连接线

❶ 绘制直线。单击"默认"选项卡"绘图"面板中的"直线"按钮，选择屏幕上合适位置为起始点，竖直向下绘制长度为 350mm 的直线，用鼠标捕捉此直线的下端点，以其为起点，水平向右绘制长度为 98mm 的直线；以此直线右端点为起点，向

上绘制长度为 308mm 的竖直直线；用鼠标捕捉此直线的上端点，向右绘制长度为 24mm 的水平直线，结果如图 9-67（a）所示。

❷ 偏移直线。单击"默认"选项卡"修改"面板中的"偏移"按钮，以直线 01 为起始，向右复制一条直线 02，偏移量为 34mm，结果如图 9-67（b）所示。

❸ 绘制直线。单击"默认"选项卡"绘图"面板中的"直线"按钮，用鼠标捕捉直线 02 的上端点，以其为起点，竖直向上绘制长度为 24mm 的直线，以此直线上端点为起始点，水平向右绘制长度为 112mm 的直线，以此直线右端点为起始点，竖直向下绘制长度为 66mm 长的直线，结果如图 9-67（c）所示。

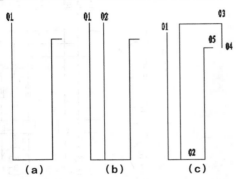

图 9-67 控制回路连接线

2. 完成控制回路

单击"默认"选项卡"块"面板中的"插入"按钮，插入图 9-68 所示的各种元件。单击"默认"选项卡"修改"面板中的"缩放"按钮，输入比例因子为 2。

图 9-68 各种元件

❶ 插入热继电器触点。单击"默认"选项卡"修改"面板中的"移动"按钮，选择热继电器触点为平移对象，用鼠标捕捉图 9-68（a）中热继电器触点接线头 1 为平移基点，移动图形，并捕捉图 9-67（c）所示的控制回路连接线图端点 02 作为

平移目标点，将热继电器触点平移到连接线图中来，采用同样的方法插入另一个热继电器触点。单击"默认"选项卡"修改"面板中的"删除"按钮，将多余的直线删除。

❷ 插入接触器线圈。单击"默认"选项卡"修改"面板中的"移动"按钮，选择图 9-68（b）为平移对象，用鼠标捕捉其接线头 3 为平移基点，移动图形，并在图 9-68（c）所示的控制回路连接线图中，用鼠标捕捉插入的热继电器接线头 2 作为平移目标点，将接触器线圈平移到连接线图中来。采用同样的方法将控制回路中其他元器件插入到连接线图中，得到如图 9-69 所示的控制回路。

图 9-69 完成控制回路

9.3.5 | 绘制照明回路

完成的照明回路效果图如图 9-70 所示。

图 9-70 完成照明回路

1. 绘制照明回路连接线

❶ 绘制矩形。单击"默认"选项卡"绘图"面板中的"矩形"按钮，绘制一个长为 114mm，宽为 86mm 的矩形，如图 9-71（a）所示。

❷ 分解矩形。单击"默认"选项卡"修改"面板中的"分解"按钮🗗，将绘制的矩形分解为 4 条直线。

❸ 偏移矩形。单击"默认"选项卡"修改"面板中的"偏移"按钮🗗，以矩形左右两边为起始，向里绘制两条直线，偏移量均为 24mm；以矩形上下两边为起始，向里绘制两条直线，偏移量均为分别为 37mm，偏移结果如图 9-71（b）所示。

❹ 修剪图形。单击"默认"选项卡"修改"面板中的"修剪"按钮🖊️，修剪掉多余的直线，修剪结果如图 9-71（c）所示。

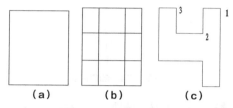

图 9-71　照明回路连接线

2. 绘制并添加电气元件

❶ 单击"默认"选项卡"绘图"面板中的"圆"按钮⊘，绘制直径为 15mm 的圆，如图 9-72（a）所示。

❷ 单击"默认"选项卡"绘图"面板中的"直线"按钮✏️，在圆内画出水平和竖直的圆直径长度的线段，如图 9-72（a）所示。

❸ 单击"默认"选项卡"修改"面板中的"旋转"按钮↻，以第❷步画的线段为旋转对象，圆心为基点，角度为 45°，使两线段旋转，旋转结果如图 9-72（b）所示。

❹ 单击"默认"选项卡"绘图"面板中的"直线"按钮✏️，以圆心为起点向上、下画长度为 15mm 的线，如图 9-72（c）所示。

（a）　　　（b）　　　（c）　　　（d）

图 9-72　绘制指示灯

❺ 单击"默认"选项卡"修改"面板中的"修

剪"按钮🖊️，修剪多余线段；完成指示灯的绘制，结果如图 9-72（d）所示。

选择图 9-72（d）为平移对象，以 P 点为平移基点，将指示灯移动到连接线图 9-71（c）中。

❻ 单击"默认"选项卡"绘图"面板中的"圆"按钮⊘，绘制直径为 8mm 的圆。

❼ 单击"默认"选项卡"修改"面板中的"矩形阵列"按钮▦，设置"行数"为 4，设置"列数"为 1，设置"间距"为 8mm，以第❷步画的圆为阵列对象进行阵列，结果如图 9-73（a）所示。

❽ 单击"默认"选项卡"绘图"面板中的"直线"按钮✏️，绘制长度为 32 的竖直线段，结果如图 9-73（b）所示。

❾ 单击"默认"选项卡"修改"面板中的"修剪"按钮🖊️，修剪多余线段，结果如图 9-73（c）所示。

❿ 单击"默认"选项卡"修改"面板中的"移动"按钮✥，将竖直线段向右平移，距离为 6mm，结果如图 9-73（d）所示。

⓫ 单击"默认"选项卡"修改"面板中的"镜像"按钮⚠，以竖直直线为镜像线进行镜像操作，结果如图 9-73（e）所示。

（a）　　　（b）　　　（c）　　　（d）

（e）　　　　　　（f）

图 9-73　绘制变压器

⓬ 单击"默认"选项卡"绘图"面板中的"直

线"按钮 ⁄，绘制四条长度为 12mm 的水平线段，并将竖直直线删除，结果如图 9-73（f）所示。

选择图 9-73（f）为平移对象，以 D 点为平移基点，将变压器移动到连接线图中，结果如图 9-70 所示。

⓭ 单击"默认"选项卡"修改"面板中的"修剪"按钮 ⁒，修剪掉多余的直线。

9.3.6 | 绘制组合回路

将主回路、控制回路和照明回路组合起来，即以各个回路的接线头为平移的起点，以主连接线的各接线头为平移的目标点，将各个回路平移到主连接线的相应位置，步骤与上面各个回路连接方式相同，再把总电源开关 QS1、熔断器 FU2 和地线插入到相应的位置，结果如图 9-74 所示。

9.3.7 | 添加注释文字

❶ 单击"默认"选项卡"注释"面板中的"文字样式"按钮 ，弹出"文字样式"对话框，创建

一个样式名为"C630 型车床的电气原理图"的文字样式，将"字体名"设置为"仿宋 _GB2312"，"字体样式"设置为"常规"，"高度"设置为 15，"宽度因子"设置为 0.7。

图 9-74　完成绘制

❷ 单击"默认"选项卡"注释"面板中的"多行文字"按钮 A，一次输入几行文字，然后调整其位置，以对齐文字。调整位置的时候，结合使用正交命令。添加注释文字后，即完成了整张图纸的绘制，最终结果如图 9-56 所示。

9.4 上机实验

【实验】绘制摇臂钻床电气原理图

1. 目的要求
绘制如图 9-75 所示的 Z35 型摇臂钻床电气原理图。

2. 操作提示
（1）绘制主动回路。
（2）绘制控制回路。
（3）绘制照明回路。
（4）添加文字说明。

图 9-75 Z35 型摇臂钻床电气原理图

9.5 思考与练习

绘制如图 9-76 所示的发动机点火装置电路图。

图 9-76 发动机点火装置电路图

第 10 章

电力电气工程图设计

电能的生产、传输和使用是同时进行的。从发电厂出来的电力，需要经过升压后才能够输送给远方的用户。输电电压一般很高，用户不能直接使用，高压电要经过变电所降压才能分配给电能用户使用。由此可见，变电所和输电线路是电力系统重要的组成部分，所以本章将对变电工程图和输电工程图进行介绍，并结合具体的例子来介绍其绘制方法。

重点与难点

- ➡ 电力电气工程图简介
- ➡ 电气主接线图设计
- ➡ 线路钢筋混凝土杆的装配图

10.1 电力电气工程图简介

电能的生产、传输和使用是同时进行的。发电厂生产的电能，有一小部分供给本厂和附近用户使用，其余绝大部分要经过升压变电站将电压升高，由高压输电线路送至距离很远的负荷中心，再经过降压变电站将电压降低到用户所需要的电压等级，分配给电能用户使用。由此可知，电能从生产到应用，一般需要 5 个环节来完成，即发电→输电→变电→配电→用电，其中配电又根据电压等级不同，分为高压配电和低压配电。

由各种电压等级的电力线路，将各种类型的发电厂、变电站和电力用户联系起来的一个发电、输电、变电、配电和用电的整体，称为电力系统。电力系统由发电厂、变电所、线路和用户组成。变电所和输电线路是联系发电厂和用户的中间环节，起着变换和分配电能的作用。

1. 变电工程及变电工程图

为了更好地了解变电工程图，下面先对变电工程的重要组成部分——变电所做简要介绍。

系统中的变电所，通常按其在系统中的地位和供电范围，分成以下几类。

（1）枢纽变电所：枢纽变电所是电力系统的枢纽点，连接电力系统高压和中压的几个部分，汇集多个电源，电压为 330～500kV 的变电所称为枢纽变电所。全所停电后，甚至会引起系统瘫痪。

（2）中间变电所：中间变电所高压侧以交换为主，起到系统交换功率的作用，或使长距离输电线路分段，一般汇集 2～3 个电源，电压为220～330kV。同时这类变电所又降压供给当地用电。这样的变电所主要起中间环节的作用，所以叫作中间变电所。全所停电后，将引起区域网络解列。

（3）地区变电所：地区变电所高压侧电压一般为 110～220kV，是以对地区用户供电为主的变电所。全所停电后，仅使该地区中断供电。

（4）终端变电所：终端变电所在输电线路的终端，接近负荷点，高压侧电压多为 110kV。经降压后直接向用户供电的变电所即为终端变电所。全所停电后，只是用户受到损失。

为了能够准确清晰地表达电力变电工程的各种设计意图，就必须采用变电工程图。简单来说变电工程图也就是对变电站，输电线路各种接线形式、各种具体情况的描述。它的意义就在于用统一直观的标准来表达变电工程的各方面。

变电工程图的种类很多，包括主接线图、二次接线图、变电所平面布置图、变电所断面图、高压开关柜原理图及布置图等很多种，每种情况各不相同。

2. 输电工程及输电工程图

输送电能的线路通称为电力线路。电力线路有输电线路和配电线路之分。由发电厂向电力负荷中心输送电能的线路以及电力系统之间的联络线路称为输电线路。由电力负荷中心向各个电力用户分配电能的线路称为配电线路。

输电线路按结构特点分为架空线路和电缆线路。架空线路由于结构简单、施工简便、建设费用低、施工周期短、检修维护方便、技术要求较低等优点，得到了广泛的应用。电缆线路受外界环境因素的影响小，但需使用特殊加工的电力电缆，费用高，施工及运行检修的技术要求高。

目前我国电力系统广泛采用的是架空输电线路，架空输电线路一般由导线、避雷线、绝缘子、金具、杆塔、杆塔基础、接地装置和拉线这几部分组成。下面我们分别介绍主接线图、二次接线图、绝缘端子装配图和线路钢筋混凝土杆装配图的绘制。

10.2 综合实例——电气主接线图设计

电气主接线指的是发电厂和变电所中生产、传输、分配电能的电路，也称为一次接线。电气主接线图，就是用规定的图形与文字符号将发电机、变压器、母线、开关电器、输电线路等有关电气设备按电能流程顺序连接而成的电路图。

电气主接线图一般画成单线图（即用单相接线表示三相系统），但对于三相接线不完全相同的局部图面，则应画成三线图。在电气主接线图中，除上述主要电气设备外，还应将互感器、避雷器、中性点设备等也表示出来，并注明各个设备的型号与规格。

图 10-1 所示为 35kV 变电所电气主接线图，绘制此类电气工程图的大致思路如下：首先设计图纸布局，确定各主要部件在图中的位置，然后分别绘制各电气符号，最后把绘制好的电气符号插入到布局图的相应位置。

图 10-1　35kV 变电所电气主接线图

10.2.1 设置绘图环境

STEP 绘制步骤

❶ 建立新文件。打开 AutoCAD 2018 应用程序，以 "A4.dwt" 样板文件为模板，建立新文件，将新文件命名为 "变电所主接线图 .dwt" 并保存。

❷ 设置图层。单击"默认"选项卡"图层"面板中的"图层特性"按钮 ，设置"轮廓线层""母线层""绘图层"和"文字说明层"4 个图层，将"轮廓线层"设置为当前图层，同时关闭图框层。设置好的各图层的属性如图 10-2 所示。

图 10-2　图层设置

10.2.2 图纸布局

STEP 绘制步骤

❶ 绘制轮廓水平初始线。单击"默认"选项卡"绘图"面板中的"直线"按钮 ✐，绘制长度为341mm 的直线 1，如图 10-3 所示。

图 10-3 轮廓线水平初始线

❷ 缩放和平移视图。利用"放大"并单击"默认"选项卡"修改"面板中的"移动"按钮 ✥，将视图调整到易于观察的程度。

❸ 绘制水平轮廓线。单击"默认"选项卡"修改"面板中的"偏移"按钮 ⎄，以直线 1 为起始，依次向下绘制直线 2、3、4 和 5，偏移量分别为56mm、66mm、6mm 和 66mm，结果如图 10-4 所示。

图 10-4 水平轮廓线

❹ 绘制轮廓线竖直初始线。单击"默认"选项卡"绘图"面板中的"直线"按钮 ✐，同时启动"对象捕捉"功能，绘制直线 6、7、8 和 9，如图 10-5 所示。

图 10-5 轮廓线竖直初始线

❺ 绘制竖直轮廓线。单击"默认"选项卡"修改"面板中的"偏移"按钮 ⎄，以直线 6 为起始，依次向右偏移 56mm、129mm、100mm、56mm，重复"偏移"命令，以直线 7 为起始，依次向右偏移56mm、229mm、56mm，以直线 8 为起点向右偏移

341mm，以直线 9 为起点，依次向右偏移 25mm、296mm、20mm，得到所有竖直的轮廓线、效果及尺寸如图 10-6 所示。

图 10-6 图纸布局

10.2.3 绘制图形符号

STEP 绘制步骤

1. 绘制主变压器符号

❶ 绘制圆。将"绘图层"设为当前图层，单击"默认"选项卡"绘图"面板中的"圆"按钮 ◉，绘制一个半径为 6mm 的圆 1。

❷ 复制圆。启动"正交模式"和"对象捕捉"绘图方式，单击"默认"选项卡"修改"面板中的"复制"按钮 ⌗，复制圆 1 并向下移动，基点为圆1 的圆心，位移为 9mm，得到圆 2，结果如图 10-7所示。

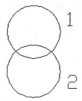

图 10-7 绘制圆

❸ 绘制竖直线。单击"默认"选项卡"绘图"面板中的"直线"按钮 ✐，用鼠标捕捉圆 1 的圆心为直线起点，将鼠标向下移动，在"正交模式"绘图方式下提示输入直线长度，在方格内输入直线长度为 4，按 Enter 键，如图 10-8（a）所示。

❹ 修剪图形。单击"默认"选项卡"修改"面板中的"修剪"按钮 ⊀，修剪掉直线在圆内的部分，

结果如图 10-8（b）所示。

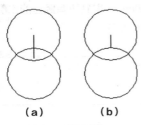

（a）　　　（b）

图 10-8　绘制直线

❺ 阵列竖直直线。单击"默认"选项卡"修改"面板中的"环形阵列"按钮，用鼠标捕捉到圆 1 的圆心 *O* 为中心点，设置阵列总数为 3，填充角度为 360，选择图 10-8 中的竖直直线为阵列对象，结果竖直直线被复制 3 份并在圆 1 内均匀分布，效果如图 10-9 所示。

图 10-9　阵列后效果图

❻ 绘制三角形。单击"默认"选项卡"绘图"面板中的"多边形"按钮，命令行提示与操作如下。

```
命令：POLYGON
输入侧面数 <4>：3
指定正多边形的中心点或 [边 (E)]：（单击圆 2 的圆心）
输入选项 [内接于圆 (I) / 外切于圆 (C)] <I>：（直接按 Enter 键使绘制的三角形内接于圆）
指定圆的半径：2.5（内接圆的半径）
```

绘制结果如图 10-10（a）所示。

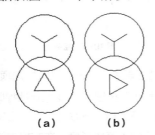

（a）　　　（b）

图 10-10　完成绘制的主变压器符号

❼ 旋转三角形。单击"默认"选项卡"修改"面板中的"旋转"按钮，以圆 2 圆心为基点，将

三角形旋转 –90°，图 10-10（b）所示为绘制完成的主变压器符号。

2. 绘制隔离开关符号

❶ 绘制竖直直线。单击"默认"选项卡"绘图"面板中的"直线"按钮，在正交方式下绘制一条长为 14mm 的竖线，如图 10-11（a）所示。

❷ 绘制附加线。单击"默认"选项卡"绘图"面板中的"直线"按钮，以离竖直直线下端点 5mm 处为起点，利用极轴追踪功能绘制斜线，与竖直直线成 30°角，长度为 5mm；然后以斜线的末端点为起点绘制水平直线，端点落在竖直直线上，效果如图 10-11（b）所示。

❸ 移动水平线。单击"默认"选项卡"修改"面板中的"移动"按钮，将水平短线向右移动 1.3mm，如图 10-11（c）所示。

❹ 修剪图形。单击"默认"选项卡"修改"面板中的"修剪"按钮，修剪掉多余直线，得到如图 10-11（d）所示的效果，即为绘制完成的隔离开关符号。

（a）　　（b）　　（c）　　（d）

图 10-11　绘制隔离开关符号

3. 绘制断路器符号

可通过编辑隔离开关符号得到断路器符号。

❶ 复制隔离开关符号。复制隔离开关符号到当前图形中，尺寸不变，如图 10-12（a）所示。

❷ 旋转水平短线。单击"默认"选项卡"修改"面板中的"旋转"按钮，将图 10-12（a）中的水平短线旋转 45°，旋转基点为上面绘制的竖直短线的下端点，可以利用"对象捕捉"功能，通过鼠标捕捉得到，旋转后的效果图如图 10-12（b）所示。

❸ 镜像短斜线。单击"默认"选项卡"修改"面板中的"镜像"按钮，镜像上面旋转得到的短斜线，镜像线为竖直短线，效果如图 10-12（c）所

示，即为绘制完成的断路器符号。

图 10-12　绘制断路器符号

4. 绘制避雷器符号

❶ 绘制竖直直线。单击"默认"选项卡"绘图"面板中的"直线"按钮 ✎，绘制竖直直线 1，长度为 12mm。

❷ 绘制水平直线。单击"默认"选项卡"绘图"面板中的"直线"按钮 ✎，在"正交模式"绘图方式下，以直线 1 的端点 O 为起点绘制水平直线段 2，长度为 1mm，如图 10-13（a）所示。

❸ 偏移水平直线。单击"默认"选项卡"修改"面板中的"偏移"按钮 ▣，以直线 2 为起始，绘制直线 3 和直线 4，偏移量均为 1mm，结果如图 10-13（b）所示。

❹ 拉长水平直线。单击"默认"选项卡"修改"面板中的"拉长"按钮 ✎，分别拉长直线 3 和 4，拉长长度分别为 0.5mm 和 1mm，结果如图 10-13（c）所示。

❺ 镜像水平直线。单击"默认"选项卡"修改"面板中的"镜像"按钮 ◭，镜像直线 2、3 和 4，镜像线为直线 1，效果如图 10-13（d）所示。

❻ 绘制矩形。单击"默认"选项卡"绘图"面板中的"矩形"按钮 ▭，以竖直线的 P 点为起点绘制一个宽度为 2mm，高度为 4mm 的矩形，效果如图 10-13（e）所示；单击"默认"选项卡"修改"面板中的"移动"按钮 ✛，将矩形向左平移 1mm，向下平移 3mm，效果如图 10-13（f）所示。

❼ 加入箭头。单击"默认"选项卡"绘图"面板中的"多段线"按钮 ⤵，命令行提示与操作如下。

```
命令：PLINE
指定起点：（单击竖直线段的中点）
```

当前线宽为 0.0000
指定下一个点或　[圆弧 (A) / 半宽 (H) / 长度 (L) / 放弃 (U) / 宽度 (W)]：w
指定起点宽度 <0.0000>: 0
指定端点宽度 <0.0000>: 1
指定下一个点或　[圆弧 (A) / 半宽 (H) / 长度 (L) / 放弃 (U) / 宽度 (W)]：2
指定下一点或　[圆弧 (A) / 闭合 (C) / 半宽 (H) / 长度 (L) / 放弃 (U) / 宽度 (W)]：w
指定起点宽度 <0.5000>: 0
指定端点宽度 <0.0000>: 0
指定下一点或　[圆弧 (A) / 闭合 (C) / 半宽 (H) / 长度 (L) / 放弃 (U) / 宽度 (W)]：（单击矩形上边框中点）

结果如图 10-13（f）所示。

❽ 修剪竖直直线。单击"默认"选项卡"修改"面板中的"修剪"按钮 ✂，修剪掉多余直线，结果如图 10-13（g）所示，即为绘制得到的避雷器符号。

图 10-13　绘制避雷器符号

5. 绘制站用变压器符号

❶ 复制主变压器符号。单击"默认"选项卡"修改"面板中的"复制"按钮 ❏，将主变压器符号复制到当前图形中，尺寸不变，如图 10-14（a）所示。

❷ 单击"默认"选项卡"修改"面板中的"缩放"按钮 ▯，缩小主变压器符号。命令行提示与操作如下。

```
命令：_scale
选择对象：找到一个（用鼠标选择主变压器）
选择对象：✓（右键或 Eneter 键）
指点基点：（用鼠标选择其中一个圆的圆心）
指定比例因子或 [复制（c）/ 参照（R）]
<0.0000>: 0.4 ✓
```

缩小后的效果图如图 10-14（b）所示。

❸ 删除三角形符号。单击"默认"选项卡"修改"面板中的"删除"按钮 🗑，将三角形符号删除，删除后的效果如图 10-14（c）所示。

❹ 复制 Y 型接线符号。单击"默认"选项卡"修改"面板中的"复制"按钮 🗐，将上面圆中的 Y 型接线符号复制到下面的圆中，效果如图 10-14（d）所示。

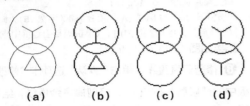

（a）　　　（b）　　　（c）　　　（d）

图 10-14　绘制变压器符号

6. 绘制电压互感器符号

电压互感器的绘制是在站用变压器的基础上完成的。

❶ 复制站用变压器。复制前面绘制好的站用变压器到当前图形中，尺寸不变，如图 10-15（a）所示。

❷ 旋转当前图形。单击"默认"选项卡"修改"面板中的"旋转"按钮 🔄，选择复制过来的站用变压器符号，以圆 1 的圆心为基准点，旋转 150°，效果如图 10-15（b）所示。

❸ 旋转 Y 型连接线。单击"默认"选项卡"修改"面板中的"旋转"按钮 🔄，将两圆中的 Y 型线分别以对应圆的圆心为基准点旋转 90°。单击"默认"选项卡"绘图"面板中的"直线"按钮 ╱，以圆 2 的圆心为起点，水平向右画一条直线 L，直线 L 的长度为 4mm，直线的另一端点为 O，如图 10-15（c）所示。

（a）　　　（b）　　　（c）

图 10-15　绘制电压互感器符号

❹ 绘制圆 3。单击"默认"选项卡"绘图"面板中的"圆"按钮 ⊙，以 O 为圆心，绘制一个半径

为 2.4mm 的圆，效果如图 10-16（a）所示。

❺ 绘制三角形。单击"默认"选项卡"绘图"面板中的"多边形"按钮 ⬠，以圆 3 的圆心为正多边形的中心点，1mm 为内接圆的半径绘制一个三角形。

❻ 单击"默认"选项卡"修改"面板中的"分解"按钮 🗗，将三角形进行分解，单击"默认"选项卡"修改"面板中的"偏移"按钮 🗗，将三角形的底边向上偏移 1mm，效果如图 10-16（b）所示。

❼ 完成绘制。单击"默认"选项卡"修改"面板中的"修剪"按钮 ✂ 和"删除"按钮 🗑，修剪并删除掉多余直线段，得到的效果如图 10-16（c）所示，这就是绘制完成的电压互感器符号。

7. 绘制接地开关、跌落式熔断器、电流互感器、电容器、电缆接头

由于本图用到的电气元件比较多，需要绘制的符号也比较多，现只介绍以上几种主要的电气元件符号的绘制方法，对于接地开关、跌落式熔断器、电流互感器、电容器和电缆接头，现仅对绘制方法作简要说明。

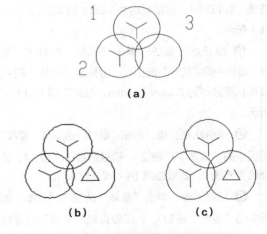

（a）

（b）　　　　　（c）

图 10-16　完成绘制的电压互感器符号

❶ 接地开关。接地开关可以在隔离开关的基础上绘制，如图 10-17（a）所示。

❷ 跌落式熔断器。斜线倾斜角为 120°，绘制一个合适尺寸的矩形，将其旋转 30°，然后以短边中点为基点，移动至斜线上合适的最近点，如图 10-17（b）所示。

❸ 电流互感器。较大的符号上圆的半径可以取 1.3mm，较小的符号上圆的半径可以取 1mm。圆心可通过捕捉直线中点的方式确定，如图 10-17（c）和图 10-17（d）所示。

❹ 电容器。表示两极的短横线长度可取 2.5mm，线间距离可取为 1mm，如图 10-17（e）所示。

❺ 电缆接头。绘制一个半径为 2mm 的圆内接正三角形，利用端点捕捉三角形的顶点，以其为起点竖直向上绘制长为 2mm 的直线，利用中点捕捉三角形底边的中点，以其为起点竖直向下绘制长为 2mm 的直线，如图 10-17（f）所示。

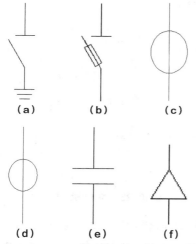

图 10-17 接地开关、跌落式熔断器、电流互感器、电容器符号和电缆接头

10.2.4 | 一般绘图过程

STEP 绘制步骤

❶ 插入图形符号。将前面绘制好的图形符号插入到线路框架中，如图 10-18 所示，由于本图对尺寸的要求不高，所以各个图形符号的位置可以根据具体情况调整。

图 10-18 插入主变支路各图形符号

❷ 保存为图块。在命令行中输入"WBLOCK"命令，打开"写块"对话框，选择整个变压器支路为保存对象，将其保存为图块，文件名为"变压器支路"。

❸ 复制出另一主变支路。如图 10-19 所示，为了便于读者观察，此图给出的是关闭轮廓线层后的效果。

图 10-19 完成变压器支路的绘制

❹ 调出布局图，绘制Ⅰ段母线设备。将前面绘制好的布局图打开，单击"默认"选项卡"修改"面板中的"缩放"按钮 🔲 和"移动"按钮 ✛，将视图调整到易于观察的程度。

❺ 绘制母线。将"母线层"设置为当前图层。单击"默认"选项卡"绘图"面板中的"直线"按钮 ✏，绘制长度为 320mm 的直线，结果如图 10-20 所示。

图 10-20 母线

❻ 插入电气设备符号。

（1）插入已做好的各元件块，将其连成一条支路，如图 10-21 所示的出线 1。

图 10-21 绘制母线上所接的出线接线方案

（2）在正交方式下，多重复制出线 1，结果如图 10-22 所示。注意到进线上的开关设备与出线 1 上的设备相同，可把出线 1 先复制到进线位置，然后进行修改，修改操作不再赘述。

图 10-22　完成母线Ⅰ段上所接的出线方案

图 10-23　完成母线上所接的出线方案

（3）绘制Ⅱ段母线设备，如图 10-23 所示。

❼ 绘制 35kV 进线、母线及电压互感器等。这部分的绘制不再赘述。至此，图形部分的绘制已基本完成，图 10-24 所示为整个图形的左半部分。

图 10-24　主接线图左半部分

10.2.5 添加文字注释

STEP 绘制步骤

❶ 单击"默认"选项卡"注释"面板中的"文字样式"按钮，打开"文字样式"对话框，创建一个样式名为"标注"的文字样式。"字体名"为"txt.shx"，"字体样式"为"常规"，"高度"为 2.5，"宽度因子"为 0.7，如图 10-25 所示。

图 10-25　"文字样式"对话框

❷ 添加注释文字。单击"默认"选项卡"注释"面板中的"多行文字"按钮 A，一次输入几行文字，然后调整其位置，以对齐文字。调整位置的时候，结合使用正交命令。

❸ 使用文字编辑命令修改文字来得到需要的文字。

❹ 绘制文字框线。添加注释后得到的结果如图 10-26 所示。对其他注释文字的添加操作，这里不再

图 10-26　添加文字

赘述，至此，35kV 变电所电气主接线图绘制完毕，最终效果如图 10-1 所示。

10.3 综合实例——线路钢筋混凝土杆的装配图

图 10-27 所示为线路钢筋混凝土杆的装配图，图形比较复杂，首先可绘制线杆和吊杆，然后绘制俯视图，最后绘制局部视图。

图 10-27　线路钢筋混凝土杆装配图

10.3.1　设置绘图环境

STEP 绘制步骤

❶ 建立新文件。打开 AutoCAD 2018 应用程序，以"A4.dwt"样板文件为模板，建立新文件，将新文件命名为"线路钢筋混凝土杆图 .dwt"并保存。

❷ 设置图层。单击"默认"选项卡"图层"面板中的"图层特性"按钮，设置"中心线层""图框线层"和"绘图层"3 个图层，将"中心线层"

设置为当前图层。

10.3.2　图纸布局

STEP 绘制步骤

❶ 绘制中心线。绘制中心线是为了确定绘制图形的位置，也是其他图线绘制的参考线。首先选中"中心线层"，单击"默认"选项卡"绘图"面板中的"直线"按钮，绘制两条竖直平行的中心线，结果如图 10-28 所示。

图 10-28　中心线的绘制

❷ 绘制直线。单击"默认"选项卡"绘图"面板中的"直线"按钮╱，绘制一条直线代表地面，注意，"正交模式"按钮此时应该处于按下状态，然后将"正交模式"按钮弹起，在直线下方绘制几条斜线和折线这样来表示地面就更加形象了，结果如图 10-29 所示。

❸ 绘制线杆。单击"默认"选项卡"绘图"面板中的"多段线"按钮╮，绘制线杆主体，先绘制左端的线杆，然后再单击"默认"选项卡"修改"面板中的"镜像"按钮⚏，结果如图 10-30 所示。

图 10-29　线杆主体图　　**图 10-30　吊杆绘制图**

❹ 绘制吊杆。单击"默认"选项卡"绘图"面板中的"直线"按钮╱，此时"正交模式"按钮为弹起状态，绘制结果如图 10-30 所示。

❺ 绘制俯视图。绘制俯视图所使用的命令都比较简单，在上面的叙述中也都介绍过，这里就不再介绍。绘制结果如图 10-31 所示。

图 10-31　线杆和吊杆俯视图

❻ 绘制托担抱箍和混凝土预制拉线盘。绘制所用的命令比较简单，这里不再叙述。

❼ 绘制局部视图。由于某些细节部分在主辅视图上无法清晰地表示，所以需要一些辅助视图把它们之间的相对装配关系表示清楚，所以就需要绘制局部视图。绘制局部视图首先应在主视图上标明要绘制局部视图的位置，如本图要绘制 A、B、C 3 个局部视图，局部视图用圆标出其位置，并在圆的附近标示局部视图名称，局部视图的位置及标示如图 10-32 所示。绘制局部视图是为了表示零部件之间的装配关系或（如图 10-33 上 A 点所示）无法在大视图中表示清楚的某些细节（如图 10-34 中 B、C 所示）。局部视图中图线的尺寸并不重要，但要把相互的位置关系表示清楚。

图 10-32　局部视图在主图上的位置及局部视图的标示

图 10-33　导线横担安装图

图 10-34　拉线帮安装图

在绘制完局部视图后，需要将以上各视图放入图纸的适当位置，然后在图纸上进行双重引线的标注。标注的同时填充图纸右上角的明细栏。最后题写图纸的标题栏，至此，图纸绘制完成。

10.4 上机实验

【实验】绘制变电所断面图

1. 目的要求

绘制如图 10-35 所示的变电所断面图。

2. 操作提示

（1）绘制杆塔。

（2）绘制各电气元件。

（3）插入电气元件。

（4）绘制连接导线。

（5）标注文字说明。

图 10-35 变电所断面图

10.5 思考与练习

绘制如图 10-36 所示的输电工程图。

图 10-36 某输电工程线路图

第 11 章

电路图的设计

电路图是人们为了研究和工作的需要，用约定的符号绘制的一种表示电路结构的图形，通过电路图可以知道实际电路的情况。电子线路是最常见、应用最为广泛的一类电气线路，在各个工业领域都占据了重要的位置。在日常生活中，几乎每个环节都和电子线路有着或多或少的联系，如电话机、电视机、电冰箱等都是电子线路应用的例子。本章将简单介绍电路图的概念和分类，以及电路图基本符号的绘制，然后结合两个具体的电子线路实例来介绍电路图的一般绘制方法。

重点与难点

- 电路图基本知识
- 电路图基本符号的绘制
- 抽水机线路图
- 照明灯延时关断线路图

11.1　电路图基本知识

在学习设计和绘制电路图之前，我们先来了解电路图的基本概念和电子线路的分类。

11.1.1　基本概念

电路图是用图形符号按工作顺序排列，详细表示电路、设备或成套装置的全部基本组成和连接关系，而不考虑其实际位置的一种简图。

电子线路是由电子器件（又称有源器件，如电子管、半导体二极管、晶体管、集成电路等）和电子元件（又称无源器件，如电阻器、电容器、变压器等）组成的具有一定功能的电路。电路图一般包括以下主要内容。

● 表示电路中元件或功能件的图形符号。

● 表示元件或功能件之间的连接线，有单线、多线、连接线或中断线。

● 表示项目代号，如高层代号、种类代号、必要的位置代号和端子代号。

● 表示用于信号的电平约定。

● 表示了解功能件必须的补充信息。

电路图主要用于了解实现系统、分系统、电器、部件、设备、软件等的功能，了解所需的实际元器件及其在电路中的作用，详细表达和理解设计对象（电路、设备或装置）的作用原理，分析和计算电路特性，它作为编制接线图的依据，为测试和寻找故障提供信息。

11.1.2　电子线路的分类

1. 信号的分类

电子信号可以分为以下两类。

（1）数字信号：指那些在时间上和数值上都是离散的信号。

（2）模拟信号：除数字信号外的所有形式的信号统称为模拟信号。

2. 电路的分类

根据不同的划分标准，电路可以按照如下类别来划分。

（1）根据工作信号划分。

● 模拟电路：工作信号为模拟信号的电路。

● 数字电路：工作信号为数字信号的电路。

（2）根据信号的频率范围划分。

● 低频电子线路。

● 高频电子线路。

高频电路和低频电路的频率划分为如下等级。

● 极低频　ELF　3kHz 以下。

● 甚低频　VLF　3 ～ 30kHz。

● 低　频　LF　30 ～ 300kHz。

● 中　频　MF　300kHz ～ 3MHz。

● 高　频　HF　3 ～ 30MHz。

● 甚高频　VHF　30 ～ 300MHz（电视 1 ～ 12 频道）。

● 特高频　UHF　300MHz ～ 3GHz（电视 13 频道以上）。

● 超高频　SHF 3 ～ 30GHz。

频率可按照规定划分，以便有专业的交流语言。

● 超低频：0.03 ～ 300Hz。

● 极低频：300 ～ 3000Hz（音频）。

● 甚低频：3 ～ 300kHz。

● 长　波：30 ～ 300kHz。

● 中　波：300 ～ 3000KHz。

● 短　波：3 ～ 30MHz。

● 甚高频：30 ～ 300MHz。

● 超高频：300 ～ 3000MHz。

● 特高频：3 ～ 30GHz。

● 极高频：30 ～ 300GHz。

● 远红外：300 ～ 3000GHz。

（3）根据核心元件的伏安特性划分。

● 线性电子线路：指电路中的电压和电流在向量图上同相，互相之间既不超前，也不滞后。纯电阻电路就是线性电路。

● 非线性电子线路：包括容性电路，电流超前电压，如补偿电容；感性电路，电流滞后电压，比如变压器；混合型的，比如各种晶体管电路。

模拟电路的应用十分广泛，从收音机、音响到精密的测量仪器、复杂的自动控制系统、数字数据采集系统等。

绝大多数的数字系统仍需做到以下过程：

模拟信号→数字信号→数字信号→模拟信号

数据采集→ A/D 转换→ D/A 转换→应用

图 11-1 所示为一个由模拟电路和数字电路共同组成的电子系统的实例。

图 11-1 电子系统的组成框图

11.2 综合实例——电路图基本符号的绘制

电路图的基本组成部分为电子器件和电子元件，本节将主要介绍其中几种基本符号的绘制方法，即电阻、电容、电感、二极管和三极管等符号的绘制方法。

扫一扫

11.2.1 设置绘图环境

STEP 绘制步骤

❶ 建立新文件。打开 AutoCAD 2018 应用程序，以已经绘制好的"A3.dwt"样板文件为模板，建立新文件。

❷ 保存文件。将新文件命名为"电气符号 .dwg"，设置保存路径并保存。

❸ 开启栅格。单击状态栏中的"栅格显示"按钮，或者使用快捷键 F7，在绘图窗口中显示栅格，命令行中会提示"命令：< 栅格 开 >"。若想关闭栅格，可以再次单击状态栏中的"栅格显示"按钮，或者使用快捷键 F7。

11.2.2 绘制电阻符号

STEP 绘制步骤

❶ 绘制矩形，单击"默认"选项卡"绘图"面板中的"矩形"按钮 ▢，绘制一个长为 12mm，宽为 6mm 的矩形，命令行提示与操作如下。

```
命令：_rectang ✓
指定第一个角点或 [ 倒角 (C) / 标高 (E) / 圆角 (F) /
厚度 (T) / 宽度 (W) ]：
指定另一个角点或 [ 面积 (A) / 尺寸 (D) / 旋转
 (R) ]：d ✓
指定矩形的长度 <120.0000>：12 ✓
指定矩形的宽度 <60.0000>：6 ✓
```

绘制结果如图 11-2（a）所示。

❷ 分解矩形。单击"默认"选项卡"修改"面板中的"分解"按钮 ，将绘制的矩形分解为直线 1、2、3 和 4。

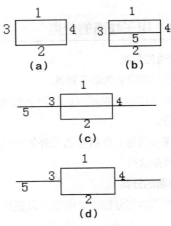

图 11-2 电阻的绘制

❸ 偏移直线。单击"默认"选项卡"修改"面板中的"偏移"按钮 ⬡，以直线 1 为起始，向下绘制直线 5，偏移量为 3mm，如图 11-2（b）所示。

❹ 拉长直线。单击"默认"选项卡"修改"面板中的"拉长"按钮 ⟋，将直线 5 分别向左和向右拉长 10mm，如图 11-2（c）所示。

❺ 修剪图形。单击"默认"选项卡"修改"面板中的"修剪"按钮 ⊁，以直线 3 和 4 为修剪边，对直线 5 进行修剪，得到如图 11-2（d）所示的图形，即为绘制完成的电阻的图形符号。

11.2.3 绘制电容符号

STEP 绘制步骤

❶ 绘制竖直直线。单击"默认"选项卡"绘图"面板中的"直线"按钮 ⟋，绘制直线 1，首先选定起始点，然后输入直线长度 20mm，极轴角为 90°，如图 11-3（a）所示。

❷ 偏移竖直直线。单击"默认"选项卡"修改"面板中的"偏移"按钮 ⬡，绘制直线 2，以直线 1 为起始，向右偏移 8mm 绘制直线 2，绘制结果如图 11-3（b）所示。

❸ 绘制水平直线。单击"默认"选项卡"绘图"面板中的"直线"按钮 ⟋，在"对象捕捉"绘图方式下，选择"捕捉到端点"，用鼠标分别捕捉直线 1 和 2 的端点，作为直线 3 的起点和终点，如图 11-3（c）所示。

❹ 平移直线。单击"默认"选项卡"修改"面板中的"移动"按钮 ✛，将直线 3 向下平移 10mm，如图 11-3（d）所示。

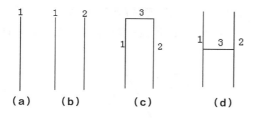

图 11-3 绘制直线

❺ 拉长直线。单击"默认"选项卡"修改"面

板中的"拉长"按钮 ⟋，将直线 3 分别向左和向右拉长 10mm，如图 11-4（a）所示。

❻ 修剪图形。单击"默认"选项卡"修改"面板中的"修剪"按钮 ⊁，以直线 1 和 2 为修剪边，对直线 3 进行修剪，修剪结果如图 11-4（b）所示。得到的图形即为电容的图形符号。

图 11-4 完成电容

11.2.4 绘制电感符号

STEP 绘制步骤

❶ 绘制圆。单击"默认"选项卡"绘图"面板中的"圆"按钮 ⊘，选定圆的圆心，绘制一个半径为 5mm 的圆，如图 11-5 所示。

图 11-5 绘制圆

❷ 阵列圆。单击"默认"选项卡"修改"面板中的"矩形阵列"按钮 ⊞，设置"间距"为 –10，选择第❶步绘制的圆作为阵列对象，即得到阵列结果，如图 11-6（a）所示。

❸ 绘制竖直直线。首先绘制直线 L，单击"默认"选项卡"绘图"面板中的"直线"按钮 ⟋，在"对象捕捉"绘图方式下，利用"捕捉到圆心"命令，分别用鼠标捕捉圆 1 和圆 4 的圆心作为直线的起点和终点，绘制出竖直直线 L，绘制结果如图 11-6（b）所示。

❹ 拉长直线。单击"默认"选项卡"修改"面板中的"拉长"按钮 ⟋，将直线 L 分别向上和向下拉长 5mm，结果如图 11-6（c）所示。

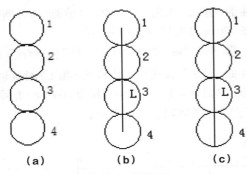

图 11-6 绘制电感

❺ 修剪图形。单击"默认"选项卡"修改"面板中的"修剪"按钮 ，以直线 L 为修剪边，对圆 1、2、3、4 进行修剪。首先选中剪切边，然后选择需要剪切的对象，选中示意图如图 11-7（a）所示。命令行提示与操作如下。

```
命令：_trim
当前设置：投影 =UCS，边 = 无
选择剪切边 ...
选择对象或 < 全部选择 >：  找到 1 个（分别用鼠
标选中直线 L）
选择对象 :Enter
选择要修剪的对象，或按住 Shift 键选择要延伸的
对象，或
[ 栏选 (F) / 窗交 (C) / 投影 (P) / 边 (E) / 删除 (R) /
放弃 (U)]：（用鼠标框选直线 L 左边的 4 个半圆）
选择要修剪的对象，或按住 Shift 键选择要延伸的
对象，或
[ 栏选 (F) / 窗交 (C) / 投影 (P) / 边 (E) / 删除 (R) /
放弃 (U)]:Enter
```

修剪后的结果如图 11-7（b）所示。

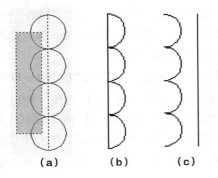

图 11-7 完成电感

❻ 移动直线。单击"默认"选项卡"修改"面板中的"移动"按钮 ，将竖直直线 L 向右平移 10mm，命令行提示与操作如下。

```
命令：_move ✓
指定基点或 [ 位移 (D)] < 位移 >：  d ✓
指定位移 <0.0000, 0.0000, 0.0000>：
@10,0,0 ✓
```

移动直线 L 后的结果如图 11-7（c）所示，得到的图形即为绘制完成的电感的图形符号。

11.2.5 绘制二极管符号

STEP 绘制步骤

❶ 绘制水平直线。单击"默认"选项卡"绘图"面板中的"直线"按钮 ，绘制直线，直线长度为 20mm，如图 11-8 所示。

———————————————

图 11-8 绘制直线

❷ 复制直线。

（1）单击"默认"选项卡"修改"面板中的"旋转"按钮 ，选择"复制"模式，将第❶步绘制的直线复制并绕水平直线的左端点逆时针旋转 60°。命令行提示与操作如下。

```
命令：_rotate ✓
UCS 当前的正角方向：  ANGDIR= 逆时针
ANGBASE=0
选择对象：指定对角点：找到 1 个（用鼠标左键
捕捉直线）
选择对象：✓
指定基点：（用鼠标捕捉直线的左端点并单击鼠标左
键选定该点为旋转点）
指定旋转角度，或 [ 复制 (C) / 参照 (R)] <0>：
c ✓
旋转一组选定对象。
指定旋转角度，或 [ 复制 (C) / 参照 (R)] <0>：
60 ✓
```

（2）用同样的方法复制水平直线，并将复制的直线绕水平直线的右端点顺时针旋转 60°，得到一个边长为 20mm 的等边三角形。绘制结果如图 11-9 所示。

图 11-9 绘制等边三角形

注意 绘制等边三角形也可直接单击"默认"选项卡"绘图"面板中的"多边形"按钮，方法如下所示。

首先单击"默认"选项卡"绘图"面板中的"多边形"按钮，设置边数为 3，三角形所在的内接圆的半径为 11.54mm 即可，命令行提示与操作如下。

```
命令：_polygon
输入侧面数 <4>: 3
指定正多边形的中心点或 [边 (E)]:
输入选项 [内接于圆 (I)/外切于圆 (C)]
<I>: ✓（直接选择 I，即内接于圆）
指定圆的半径：11.54
```

为了保持等边三角形边 *BC* 为水平方向，可以激活下方工具栏中的"正交模式"绘图方式，按照上面所介绍的技巧，同样能绘制出图 11-9 所示的等边三角形，而且比较两种方法可知，后者更为简便。

"正交模式"方式激活后，单击"默认"选项卡"绘图"面板中的"直线"按钮，可以发现，此时移动鼠标，只能向水平和垂直方向移动。

❸ 绘制竖直直线。单击"默认"选项卡"绘图"面板中的"直线"按钮，在"对象捕捉"和"正交模式"方式下，用鼠标左键捕捉等边三角形的顶点 *A*，以 *A* 为直线的起点，向上绘制出一条长度为 20mm 的竖直直线，如图 11-10（b）所示。

❹ 拉长直线。单击"默认"选项卡"修改"面板中的"拉长"按钮，将第❸步绘制的直线向下拉长 35mm，命令行提示与操作如下。

图 11-10 绘制三角形和竖直直线

```
命令：_-lengthen
选择对象或 [增量 (DE)/百分数 (P)/全部 (T)/
动态 (DY)]: de
输入长度增量或 [角度 (A)]: 35
```

选择要修改的对象或 [放弃 (U)]（将鼠标移动到竖直直线上靠近 A 点的地方，然后单击鼠标）

拉长后的结果如图 11-10（c）所示。

❺ 绘制水平直线。单击"默认"选项卡"绘图"面板中的"直线"按钮，在"对象捕捉"和"正交模式"方式下，用鼠标左键捕捉顶点 *A*，向左绘制一条长度为 10mm 的水平直线 1，如图 11-11（a）所示。

❻ 绘制镜像直线。单击"默认"选项卡"修改"面板中的"镜像"按钮，选择第❺步绘制的水平直线作为镜像对象，以竖直直线作为镜像参考线，绘制镜像直线 2。命令行提示与操作如下。

```
命令：_mirror ✓
选择对象：找到 1 个（用鼠标左键选定直线1）
选择对象：✓
指定镜像线的第一点：指定镜像线的第二点：（用鼠标左键选取竖直直线上的两点）
要删除源对象吗？ [是 (Y)/否 (N)] <N>: ✓
```

绘制出的镜像直线如图 11-11（b）所示，即为绘制出的二极管的图形符号。

图 11-11 完成二极管的绘制

11.2.6 │ 绘制三极管符号

STEP 绘制步骤

❶ 绘制等边三角形。在绘制二极管的步骤中详细介绍了等边三角形的画法，这里复制过来。仍然是边长为 20mm 的等边三角形，如图 11-12（a）所示。绕底边的右端点顺时针旋转 30°，得到如图 11-12（b）所示的三角形。

❷ 绘制水平直线。单击"默认"选项卡"绘图"面板中的"直线"按钮，激活"正交模式"和"对象捕捉"模式，用鼠标捕捉端点 *A*，向左边绘制一

条长为 20mm 的水平直线 4，如图 11-12（c）所示。

图 11-12　绘制等边三角形

❸ 拉长直线。单击"默认"选项卡"修改"面板中的"拉长"按钮，将直线 4 向右拉 20mm，拉长后的直线如图 11-13 所示。

图 11-13　拉长直线

❹ 偏移竖直直线。单击"默认"选项卡"修改"面板中的"偏移"按钮，将竖直直线 5 向左偏移 15mm，结果如图 11-14（a）所示。

❺ 修剪图形。单击"默认"选项卡"修改"面板中的"修剪"按钮和"删除"按钮，修剪图形多余的部分，并删除边，得到如图 11-14（b）所示的结果。

图 11-14　完成绘制

❻ 绘制箭头。单击"默认"选项卡"绘图"面板中的"直线"按钮，绘制箭头，如图 11-15 所示。

图 11-15　绘制箭头

11.3 综合实测——抽水机线路图

图 11-16 是由 4 只晶体管组成的自动抽水线路图。潜水泵的供电受继电器 KAJ 触点的控制，而该触点是否接通与 KAJ 线圈中的电流通路是否形成有关。而 KAJ 线圈中的电流是否形成，取决于 VT4 是否导通，而 VT4 是否导通，则受其基极前面电路的控制。最终也就是受与 VT1 基极连接的水池内水位的控制。

图 11-16　自动抽水线路图

此图绘制的大体思路如下：先绘制供电电路图，然后绘制自动抽水控制电路图，最后将供电电路图和自动抽水控制电路图组合到一起，添加注释文字，完成绘制。

11.3.1　设置绘图环境

STEP 绘制步骤

❶ 建立新文件。打开 AutoCAD 2018 应用程序，

单击"快速访问"工具栏中的"新建"按钮 ▢，弹出"新建"对话框，选择默认模板，单击"打开"按钮，进入绘图环境，单击"快速访问"工具栏中的"保存"按钮 ▤，将其保存为"自动抽水线路图 .dwg"。

❷ 设置图层。单击"默认"选项卡"图层"面板中的"图层特性"按钮 ▦，设置"连接线层"和"实体符号层"两个图层，各图层的颜色、线型、线宽及其他属性状态设置分别如图 11-17 所示，将"实体符号层"设为当前层，并关闭图框层。

图 11-17　图层设置

11.3.2 ｜ 绘制供电电路

该电路由电源变压器 T、VD1 ~ VD4、IC1 三端固定稳压集成电路组成。220V 交流电压经 T 变换为交流低压后，经 VD1 ~ VD4 桥式整流、C1 滤波及 IC1 稳压为 12V 后提供给自动抽水控制电路。

STEP 绘制步骤

❶ 打开 11.2 节绘制的电器符号，将图形复制到当前图形中。

❷ 单击"默认"选项卡"修改"面板中的"移动"按钮 ✛，将各个元件的图形符号摆放到适当位置，如图 11-18 所示。将各个元件符号连接，如图 11-19 所示。

图 11-18　摆放各元器件

图 11-19　元器件连接图

11.3.3 ｜ 绘制自动抽水控制电路

STEP 绘制步骤

1. 绘制蓄水池

❶ 绘制矩形。单击"默认"选项卡"绘图"面板中的"矩形"按钮 ▢，绘制一个长为 135mm，宽为 65mm 的矩形，结果如图 11-20（a）所示。

❷ 分解矩形。单击"默认"选项卡"修改"面板中的"分解"按钮 ⬚，将图 11-20（a）所示的矩形边框进行分解。

❸ 偏移直线。单击"默认"选项卡"修改"面板中的"偏移"按钮 ⬚，将直线 AB 向上偏移，偏移距离分别为 5mm、5mm、5mm、5mm、5mm、5mm、15mm、5mm、5mm、5mm、5mm、5mm，偏移后的效果如图 11-20（b）所示。

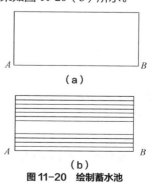

（a）

（b）

图 11-20　绘制蓄水池

❹ 修改线型。将图 11-20（b）中偏移的水平直线的线型变为 DASHED，效果如图 11-21 所示。

图 11-21　蓄水池

2. 连接各个图形符号

自动抽水控制电路中其他元件的符号在前面绘制过，在此不再赘述。

❶ 单击"默认"选项卡"修改"面板中的"移动"按钮 ✛，将各个元器件的图形符号摆放到适当位置，如图 11-22 所示。

图 11-22　摆放各元器件

❷ 单击"默认"选项卡"绘图"面板中的"直线"按钮 ✎，将图 11-22 中的各个元器件符号连接起来，并补画出其他图形，如输出端子等，结果如图 11-23 所示。

图 11-23　元器件连接图

11.3.4 | 组合图形

将供电电路和自动抽水控制电路组合到一起，得到自动抽水线路图，如图 11-24 所示。

图 11-24　完成绘制的图形

11.3.5 | 添加注释文字

STEP **绘制步骤**

❶ 创建文字样式。单击"默认"选项卡"注释"面板中的"文字样式"按钮 ✎，打开"文字样式"对话框，如图 11-25 所示。创建一个样式名为"自动抽水线路图"的文字样式，"字体名"设置为"仿宋_GB2312"，"字体样式"设置为"常规"，"高度"设置为"8"，"宽度因子"设置为"0.7"，设置完成后单击"应用"按钮，并单击"置为当前"按钮，然后关闭。

图 11-25　"文字样式"对话框

❷ 添加注释文字。单击"默认"选项卡"注释"面板中的"多行文字"按钮 Ａ，一次输入几行文字，然后调整其位置，以对齐文字。调整位置时，结合使用正交命令。

添加注释文字后，即完成了整张图纸的绘制，如图 11-16 所示。

11.4 综合实例——照明灯延时关断线路图

图 11-26 是由光控和振动控制照明灯延时关断线路图。该线路在夜晚有客人来访敲门或主人回家用钥匙开门时，均会自动控制走廊照明灯点亮，然后延时约 40s 后会自动熄灭。绘制此线路图的大致思路如下：首先绘制线路结构图，然后分别绘制各个元器件，最后将各个元器件按照顺序依次插入到线路结构图中，添加注释文字，最后完成整张图的绘制。

扫一扫

图 11-26 照明灯延时关断线路图

11.4.1 设置绘图环境

STEP 绘制步骤

❶ 建立新文件。启动 AutoCAD 2018 应用程序，单击"快速访问"工具栏中的"新建"按钮，打开"选择样板"对话框，以"无样板打开 - 公制（M）"方式打开一个新的空白图形文件，将新文件命名为"照明灯延时关断线路图 .dwt"并保存。

❷ 设置图层。单击"默认"选项卡"图层"面板中的"图层特性"按钮，新建"连接线层"和"实体符号层"两个图层，各图层的颜色、线型、线宽及其他属性设置如图 11-27 所示。将"连线层"设置为当前层。

图 11-27 图层设置

11.4.2 | 绘制线路结构图

STEP **绘制步骤**

❶ 绘制矩形。单击"默认"选项卡"绘图"面板中的"矩形"按钮▢，绘制长为 270mm、宽为 150mm 的矩形，如图 11-28 所示。

图 11-28 绘制矩形 1

❷ 分解矩形。单击"默认"选项卡"修改"面板中的"分解"按钮▦，将绘制的矩形进行分解。

❸ 偏移竖直直线。单击"默认"选项卡"修改"面板中的"偏移"按钮▣，将图 11-28 中的直线 2 向右偏移，并将偏移后的直线再进行偏移，偏移量分别为 60mm、30mm、40mm、30mm、30mm、30mm、25mm，如图 11-29 所示。

图 11-29 偏移竖直直线

❹ 偏移水平直线。单击"默认"选项卡"修改"面板中的"偏移"按钮▣，将图 11-28 中的直线 3 向上偏移，并将偏移后的直线再进行偏移，偏移量分别为 73mm 和 105mm，如图 11-30 所示。

图 11-30 偏移水平直线

❺ 修剪结构图。单击"默认"选项卡"修改"面板中的"修剪"按钮▱ 和"延伸"按钮▱，对图形进行修剪，删除多余的直线，修剪后的图形如图 11-31 所示。

图 11-31 修剪结构图

11.4.3 | 插入震动传感器

STEP **绘制步骤**

❶ 绘制矩形。

单击"默认"选项卡"绘图"面板中的"矩形"按钮▢，以图 11-31 中的 A 点为起始点，绘制长为 30mm、宽为 50mm 的矩形，如图 11-32（a）所示。

❷ 移动矩形。

单击"默认"选项卡"修改"面板中的"移动"按钮✛，将矩形向下移动 50mm，向左移动 15mm，如图 11-32（b）所示。

（a）　　　　　　　　（b）

图 11-32 绘制矩形

❸ 修剪矩形。

单击"默认"选项卡"修改"面板中的"修剪"按钮▱，以矩形的边为剪切边，将矩形内部直线修剪掉，如图 11-33 所示，完成震动传感器的绘制。

图 11-33 修剪矩形

❹ 插入其他元器件。

（1）插入电气符号。将"实体符号层"设置为当前图层。单击"默认"选项卡"块"面板中的"插入"按钮▤，选择二极管符号插入到图形中。

（2）平移图形。单击"默认"选项卡"修改"

面板中的"移动"按钮⊕，选择如图 11-34（a）所示的二极管符号为平移对象，捕捉二极管符号中的 *A* 点为平移基点，以图 11-34（b）中的点 *E* 为目标点移动，平移效果如图 11-34（b）所示。

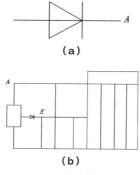

（a）

（b）

图 11-34　插入二极管

（3）采用同样的方法，调用前面绘制的一些元器件符号并将其插入到结构图中，注意各元器件符号的大小可能有不协调的情况，可以根据实际需要利用"缩放"功能来及时调整，插入效果如图 11-35 所示。

图 11-35　插入其他元器件

11.4.4 | 添加文字

STEP **绘制步骤**

❶ 创建文字样式。单击"默认"选项卡"注释"面板中的"文字样式"按钮，打开"文字样式"对话框，创建一个样式名为"照明灯线路图"的文字样式。设置"字体名"为"仿宋_GB2312"，设置"字体样式"为"常规"，设置"高度"为 8，设置"宽度因子"为 0.7，如图 11-36 所示。

图 11-36　"文字样式"对话框

❷ 添加注释文字。单击"默认"选项卡"注释"面板中的"多行文字"按钮 **A**，一次输入几行文字，然后调整其位置，以对齐文字。调整位置的时候，结合使用正交命令。

❸ 使用文字编辑命令修改文字。添加文字操作的具体过程这里不再赘述，至此，照明灯延时关断线路图绘制完毕，最终效果如图 11-26 所示。

11.5　上机实验

【实验】绘制直流数字电压表线路图

1. 目的要求

绘制如图 11-37 所示的直流数字电压表线路图。

2. 操作提示

（1）绘制各电气元件。

（2）绘制数字电压表连接图。

图 11-37　直流数字电压表线路图

11.6　思考与练习

绘制如图 11-38 所示的程控交换机系统图。

图 11-38　程控交换机系统图

第12章

控制电气图设计

随着科学技术的进步，在工业生产和日常生活中，电气设备的种类越来越多，其控制线路也越来越复杂。特别是微电子技术及电力电子技术的发展，使电气控制元件也发生了质的飞跃。控制电气是一类很重要的电气，其广泛应用于工业、航空航天、计算机技术等各个领域，有着极其重要的作用。本章将详细介绍装饰彩灯控制电路和并励直流电动机串联电阻启动电路的绘制方法。

重点与难点

- ⮞ 控制电气简介
- ⮞ 并励直流电动机串联电阻启动电路
- ⮞ 装饰彩灯控制电路

12.1 控制电气简介

12.1.1 控制电路简介

控制电路作为电路中的一个重要单元，对电路的功能实现起到至关重要的作用。无论是机械电气电路、汽车电路，还是变电工程电路中，控制电路都占据着核心位置。虽然控制作为一个单元在每个电路中都交织存在，但仍需要在此对它进行单独的详细阐述。

我们所熟悉的最简单的控制电路是由电磁铁、低压电源、开关组成的。针对不同的对象，控制电路的组成部分也不一样。现以反馈控制电路为例进行介绍。为了提高通信和电子系统的性能指标，或

者实现某些特定的要求，必须采用自动控制方式。由此，各种类型的反馈控制电路便应运而生了，也逐渐成为现在应用较广泛的控制电路图之一。

12.1.2 控制电路图简介

按照控制电路的终极功能划分，可以把控制电路进一步细分为报警、自动控制、开关、灯光控制、定时控制、温控调速、保护、继电器开关控制、晶闸管控制等电路，并存在相应的电路图。在下面几节中将举例介绍其中几种控制电路的一般绘制方法。

12.2 综合实例——并励直流电动机串联电阻启动电路

并励直流电动机串联电阻启动电路图如图 12-1 所示。绘图思路为：首先观察并分析图纸的结构，绘制出大体的结构框图，也就是绘制出主要的电路图导线；然后绘制出各个电子元件，接着将各个电子元件"安装"插入到结构图中相应的位置中；最后在电路图的适当位置添加相应的文字和注释说明，即可完成电路图的绘制。

图 12-1　并励直流电动机串联电阻电路图

12.2.1 设置绘图环境

❶ 建立新文件。打开 AutoCAD 2018 应用程序，单击"快速访问"工具栏中的"新建"按钮，AutoCAD 打开"选择样板"对话框，用户在该对话框中选择已经绘制好的样板图，然后单击"打开"按钮，返回绘图区域，同时选择的样板图也会出现在绘图区域内，其中样板图左下端点坐标为（0,0）。本例选用 A2 样板图，如图 12-2 所示。

图 12-2　插入的 A3 样板图

❷ 设置图层。单击"默认"选项卡"图层"面板中的"图层特性"按钮，在弹出的"图层特性管理器"对话框中新建两个图层，分别命名为"连接线层"和"实体符号层"，图层的颜色、线型、线宽等属性设置如图 12-3 所示。

图 12-3　设置图层

12.2.2 绘制线路结构图

在绘制并励直流电动机串联电阻启动电路的线路结构图时，可频繁单击"默认"选项卡"绘图"面板中的"直线"按钮，绘制若干条水平直线和竖直直线，在绘制的过程中，打开"对象捕捉"和"正交模式"绘图功能。绘制相邻直线时，可以用鼠标捕捉直线的端点作为另一直线的起点；也可以单击"默认"选项卡"修改"面板中的"偏移"按钮，对已经绘制好的直线进行平移并复制，同时保留原直线。综合单击"默认"选项卡"修改"面板中的"镜像"按钮和"修剪"命令，使线路图变得完整。图 12-4 所示为绘制完成的线路结构图。

图 12-4　绘制线路结构图

其 中，$AC = BD$ =100mm，$CE = DF = 40$mm，$EG = FH = 40$mm，$GL = HM$ =40mm，$LN = MO = 60$mm，$PQ = 20$mm，$PR = QS = 14$mm，$CR = 42$mm，$RS = 20$mm，$SD = 108$mm，$ET = 24$mm，$TU = VW = 75$mm，$UF = 71$mm，

$TV = UW = 16\text{mm}$，$GH = 170\text{mm}$，$LX = 91\text{mm}$，$XY = Z1Z2 = 30\text{mm}$，$XZ1=YZ2=18\text{mm}$，$YM = 49\text{mm}$，$NO = 170\text{mm}$。

12.2.3 绘制实体符号

STEP 绘制步骤

1. 绘制隔离开关

❶ 绘制直线。单击"默认"选项卡"绘图"面板中的"直线"按钮／，打开"正交模式"和"对象捕捉"功能，依次绘制 3 条相连的水平直线 1、2、3，长度分别为 6mm、8mm 和 6mm，如图 12-5 所示。

图 12-5 绘制直线

❷ 旋转直线。单击"默认"选项卡"修改"面板中的"旋转"按钮○，关闭"正交模式"功能，选择直线 2 为旋转对象，用鼠标捕捉直线 2 的右端点为旋转基点，输入旋转角度为 30°，旋转结果如图 12-6 所示。

图 12-6 旋转直线

❸ 绘制直线。单击"默认"选项卡"绘图"面板中的"直线"按钮／，重新打开"正交模式"功能，捕捉直线 1 的右端点为直线的起点，向上绘制一条长度为 2mm 的竖直直线，绘制结果如图 12-7 所示。

图 12-7 绘制竖直直线

❹ 镜像直线。单击"默认"选项卡"修改"面板中的"镜像"按钮△，选择第❸步绘制的小线段为镜像对象，以直线 1 为镜像线，镜像结果如图 12-8 所示。

❺ 拉长直线。选择菜单栏中的"修改"→"拉长"命令，关闭"正交模式"功能，选择直线 2 为

拉长对象，输入拉长增量为 1.5mm，拉长结果如图 12-9 所示。这样，隔离开关就绘制完成了。

图 12-8 镜像竖直直线

图 12-9 延长直线

2. 绘制熔断器

熔断器的绘制已有详细的说明，这里不再赘述，直接给出其尺寸和绘制结果。矩形的长为 12mm，宽为 4mm，绘制结果如图 12-10 所示。

图 12-10 熔断器

3. 绘制接触器

这种接触器在非动作位置触点断开。

❶ 绘制直线。单击"默认"选项卡"绘图"面板中的"直线"按钮／，打开"正交模式"和"对象捕捉"功能，首先绘制一条长为 8mm 的直线 1，绘制结果如图 12-11 所示。重复执行"直线"命令，用鼠标左键捕捉直线 1 的右端点作为新绘制直线 2 的起点，输入直线的长度为 8mm；同样，绘制长度为 8mm 的直线 3，绘制结果如图 12-12 所示。

图 12-11 绘制直线 1

图 12-12 绘制直线

❷ 旋转直线。单击"默认"选项卡"修改"面板中的"旋转"按钮○，关闭"正交模式"命令，选择直线 2 作为旋转对象，用鼠标左键捕捉直线 2 的左端点作为旋转基点。输入旋转角度为 30°，旋转结果如图 12-13 所示。

图 12-13 旋转直线

❸ 拉长直线。选择菜单栏中的"修改"→"拉长"命令，选择直线 2 作为拉长对象，输入拉长增量为 2mm，拉长结果如图 12-14 所示。

图 12-14 拉长直线

4. 绘制直流电动机

❶ 绘制圆。单击"默认"选项卡"绘图"面板中的"圆"按钮⊘，绘制一个直径为 15mm 的圆，绘制结果如图 12-15 所示。

图 12-15 绘制圆

❷ 输入文字。单击"默认"选项卡"注释"面板中的"多行文字"按钮 A，在圆的中央区域画一个矩形框，打开"文字样式"对话框，在圆的中央输入字母 M。

❸ 绘制直线。单击"默认"选项卡"绘图"面板中的"直线"按钮╱，在字母的下方绘制两条直线，并将其中一条直线设置为虚线，结果如图 12-16 所示。

图 12-16 绘制直流电动机

5. 绘制电阻

❶ 绘制矩形。单击"默认"选项卡"绘图"面板中的"矩形"按钮▭，绘制一个长为 20mm，宽为 4mm 的矩形，绘制结果如图 12-17 所示。

图 12-17 绘制矩形

❷ 绘制直线。单击"默认"选项卡"绘图"面板中的"直线"按钮╱，打开"对象捕捉"功能，分别捕捉矩形两侧边的中点作为直线的起点和终点，绘制结果如图 12-18 所示。

图 12-18 绘制直线

❸ 拉长直线。选择菜单栏中的"修改"→"拉长"命令，将第❷步绘制的直线分别向左和向右拉长 5mm，结果如图 12-19 所示。

图 12-19 拉长直线

❹ 修剪图形。单击"默认"选项卡"修改"面板中的"修剪"按钮╱，选择矩形为修剪边，对水平直线进行修剪，修剪结果如图 12-20 所示，即为绘成的电阻符号。

图 12-20 修剪图形

按照上述方法，绘制一个长为 15mm，高为 4mm 的电阻符号。

6. 绘制操作器件的一般符号

❶ 绘制矩形。单击"默认"选项卡"绘图"面板中的"矩形"按钮▭，绘制一个长为 15mm，宽为 6mm 的矩形，绘制结果如图 12-21 所示。

图 12-21 绘制矩形

❷ 绘制直线。单击"默认"选项卡"绘图"面板中的"直线"按钮╱，打开"正交模式"和"对象捕捉"功能，分别用鼠标左键捕捉第❶步绘制的矩形的两条长边的中点，作为新绘制直线的起点，沿着正交方向分别向上和向下绘制两条长为 5mm 的直线，绘制结果如图 12-22 所示，即为绘制成的操作器件的一般符号。

图 12-22 绘制直线

7. 绘制线圈

❶ 单击"默认"选项卡"绘图"面板中的"圆"

按钮 ⊘，绘制半径为 5mm 的圆。

❷ 单击"默认"选项卡"修改"面板中的"矩形阵列"按钮 ⊞，将第❶步绘制的圆进行阵列，列数为 4，列偏移为 10，阵列结果如图 12-23（a）所示。

❸ 单击"默认"选项卡"绘图"面板中的"直线"按钮 ╱，绘制水平线，如图 12-23（b）所示。

❹ 选择菜单栏中的"修改"→"拉长"命令，将步第❸步画的水平线分别向左向右拉长 5mm，如图 12-23（c）所示。

❺ 单击"默认"选项卡"修改"面板中的"修剪"按钮 ╱，以水平线段为边界线，修剪掉直线以下的 4 个半圆，如图 12-23（d）所示。

❻ 单击"默认"选项卡"修改"面板中的"删除"按钮 ╱，删除多余线段，结果如图 12-23（e）所示。

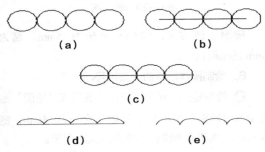

（a）　　　　　　　（b）

（c）

（d）　　　　　（e）

图 12-23　绘制线圈

8. 插入二极管

单击"默认"选项卡"块"面板中的"插入"按钮 ⊡，插入如图 12-24 所示的二极管。

图 12-24　二极管

9. 绘制开关

❶ 绘制直线。单击"默认"选项卡"绘图"面板中的"直线"按钮 ╱，打开"正交模式"和"对象捕捉"功能，首先绘制一条长为 8mm 的直线 1，绘制结果如图 12-25 所示。

图 12-25　绘制直线 1

❷ 继续绘制直线。单击"默认"选项卡"绘图"

面板中的"直线"按钮 ╱，用鼠标左键捕捉直线 1 的右端点作为新绘制直线 2 的起点，输入直线的长度为 8mm；按照同样的方法水平向右再绘制一条长为 8mm 的直线 3，绘制结果如图 12-26 所示。

图 12-26　绘制直线

❸ 旋转直线。单击"默认"选项卡"修改"面板中的"旋转"按钮 ⟳，关闭"正交模式"命令，选择直线 2 作为旋转对象。用鼠标左键捕捉直线 2 的左端点作为旋转基点，输入旋转角度为 30°，旋转结果如图 12-27 所示。

图 12-27　旋转直线

❹ 拉长直线。选择菜单栏中的"修改"→"拉长"命令，选择直线 2 作为拉长对象，输入拉长增量为 2mm，拉长结果如图 12-28 所示。

图 12-28　拉长直线

10. 绘制动断触点开关

❶ 绘制开关。按照绘制开关的方法绘制如图 12-29 所示的动断触点开关。

❷ 绘制直线。单击"默认"选项卡"绘图"面板中的"直线"按钮 ╱，打开"对象捕捉"和"正交模式"功能，用鼠标左键捕捉直线 3 的左端点作为直线的起点，沿着正交方向在直线 3 的正上方绘制一条长度为 6mm 的竖直直线。绘制结果如图 12-29 所示。即为所绘制的动断触点开关。

图 12-29　绘制动断触点开关

11. 绘制按钮开关（不闭锁）

❶ 绘制开关。按照前面绘制开关的方法绘制如图 12-29 所示的动断触点开关。

❷ 绘制直线。单击"默认"选项卡"绘图"面板中的"直线"按钮 ╱，在开关正上方的中央绘制一条长为 4mm 的竖直直线，绘制结果如图 12-30

所示。

图12-30 绘制竖直直线

❸ 偏移直线。单击"默认"选项卡"修改"面板中的"偏移"按钮，输入偏移距离为4mm，选择直线4为偏移对象，分别单击直线4的左边区域和右边区域，在它的左右边分别绘制竖直直线5和6，偏移结果如图12-31所示。

图12-31 偏移竖直直线

❹ 绘制直线。单击"默认"选项卡"绘图"面板中的"直线"按钮，打开"对象捕捉"功能，用鼠标左键分别捕捉直线5和直线6的上端点作为直线的起点和终点，绘制结果如图12-32所示。

图12-32 绘制直线

❺ 绘制虚线。在"图层"下拉列表框中选择"虚线层"，单击"默认"选项卡"绘图"面板中的"直线"按钮，打开"正交模式"功能，用鼠标左键捕捉直线4的下端点作为虚线的起点，在直线4的正下方捕捉直线2上的点作为虚线的终点，绘制结果如图12-33所示，即为绘制成的按钮开关（不闭锁）。

图12-33 绘制虚线

12. 绘制按钮动断开关

❶ 绘制开关。按照前面绘制开关的绘制方法绘制如图12-28所示的开关。

❷ 绘制直线。单击"默认"选项卡"绘图"面板中的"直线"按钮，打开"对象捕捉"和"正交模式"功能，用鼠标左键捕捉直线3的左端点作为直线的起点，沿着正交方向在直线3的正上方绘制一条长度为6mm的竖直直线。绘制结果如图12-34所示。

图12-34 绘制直线

❸ 按照绘制按钮开关的方法绘制按钮动断开关的按钮，绘制结果如图12-35所示。

图12-35 按钮动断开关

13. 绘制动断触点

绘制这样一种形式的触点，它在操作器件被吸合时延时断开。

❶ 绘制直线。单击"默认"选项卡"绘图"面板中的"直线"按钮，打开"正交模式"功能，在竖直方向上绘制一条长为8mm的直线1，绘制结果如图12-36所示。

图12-36 绘制直线1

❷ 继续绘制直线。单击"默认"选项卡"绘图"面板中的"直线"按钮，打开"对象捕捉"功能，用鼠标左键捕捉直线1的下端点作为直线的起点，绘制一条长度为8mm的竖直直线2，绘制结果如图12-37所示。

图12-37 绘制直线2

❸ 继续绘制直线。单击"默认"选项卡"绘图"面板中的"直线"按钮，用鼠标左键捕捉直线2的下端点作为直线的起点，绘制一条长度为8mm的

竖直直线 3，绘制结果如图 12-38 所示。

图 12-38　绘制直线 3

❹ 旋转直线。单击"默认"选项卡"修改"面板中的"旋转"按钮 ↻，关闭"正交模式"功能，用鼠标左键捕捉直线 2 的下端点作为旋转基点，输入旋转角度为 –30°（即顺时针旋转 30°），旋转结果如图 12-39 所示。

图 12-39　旋转直线 2

❺ 绘制直线。单击"默认"选项卡"绘图"面板中的"直线"按钮 ∕，重新打开"正交模式"功能，用鼠标左键捕捉直线 1 的下端点，水平向右绘制一条长为 6mm 的直线，绘制结果如图 12-40 所示。

图 12-40　绘制水平直线

❻ 拉长直线。单击"默认"选项卡"修改"面板中的"拉长"按钮 ∕，再次关闭"正交模式"功能，输入拉长增量为 3mm，选择第❺步绘制的水平直线为拉长对象，拉长结果如图 12-41 所示。

图 12-41　拉长直线

❼ 绘制直线。单击"默认"选项卡"绘图"面

板中的"直线"按钮 ∕，打开"正交模式"功能，用鼠标左键捕捉直线 3 的上端点，水平向右绘制一条长为 10mm 的直线 4，绘制结果如图 12-42 所示。

图 12-42　绘制水平直线

❽ 偏移直线。单击"默认"选项卡"修改"面板中的"偏移"按钮 ⬚，输入偏移距离为 2mm，以直线 4 为偏移对象，在直线 4 的正上方绘制一条同样长度的直线 5，偏移结果如图 12-43 所示。

图 12-43　偏移直线

❾ 修剪直线。单击"默认"选项卡"修改"面板中的"修剪"按钮 ⊬，以直线 2 为修剪边，对直线 5 进行修剪，修剪结果如图 12-44 所示。

图 12-44　修剪图形

❿ 偏移直线。单击"默认"选项卡"修改"面板中的"偏移"按钮 ⬚，输入偏移距离为 1mm，以直线 4 为偏移对象，在直线 4 的正上方绘制一条同样长度的直线 6，偏移结果如图 12-45 所示。

图 12-45　偏移直线

⓫ 绘制圆。第❿步中绘制一条偏移直线 6 的

目的就是为了捕捉圆心，单击"默认"选项卡"绘图"面板中的"圆"按钮 ，关闭"正交模式"功能，用鼠标左键捕捉直线 6 的中点为圆心，捕捉直线 5 的右端点作为圆周上的一点，绘制圆，结果如图 12-46 所示。

图 12-46　绘制圆

⑫ 绘制直线。单击"默认"选项卡"绘图"面板中的"直线"按钮 ，打开"正交模式"功能，在右半圆上绘制一条竖直直线，如图 12-47 所示。

图 12-47　绘制竖直直线

⑬ 修剪图形。单击"默认"选项卡"修改"面板中的"修剪"按钮 ，将图 12-47 中多余的部分修剪掉，修剪结果如图 12-48 所示。动断触点即绘制完成。

图 12-48　修剪图形

12.2.4 ｜ 将实体符号插入到线路结构图中

根据并励直流电动机串联电阻电路的原理图，将绘制好的实体符号插入到线路结构图合适的位置上。由于在单独绘制实体符号时，符号大小以方便用户能看清楚为标准，所以将它们插入到结构线路中时，可能会出现不协调的情况，这时可以根据实际需要利用"缩放"功能来及时调整。在插入实体符号的过程中，结合打开"对象捕捉""极轴追踪"及"正交模式"等功能，选择合适的插入点。另外，在插入图形符号的时候，可能需要将绘制好的图形符号进行旋转后再平移到线路结构图中，多次用到同一元器件时，可将符号复制后粘贴。综合利用"移动"命令和"修剪"命令达到使电路图既完整无缺又无冗余的目的。下面通过将几个典型的实体符号插入线路结构图，来介绍具体的操作步骤。

STEP 绘制步骤

1. 插入直流电动机

将图 12-49 所示的直流电动机插入到图 12-50 所示的导线 SD 上。

图 12-49　直流电动机

图 12-50　导线 SD

❶ 平移图形。单击"默认"选项卡"修改"面板中的"移动"按钮 ，打开"对象捕捉"功能，捕捉圆的圆心为移动基点，如图 12-51 所示，将图形移动到导线 SD 处，用鼠标左键捕捉 SD 上的一个合适的位置作为图形的插入点，如图 12-52 所示。插入后的效果如图 12-53 所示。

图 12-51　捕捉移动基点

❷ 修剪图形。单击"默认"选项卡"修改"面板中的"修剪"按钮 ，对图 12-52 中多余的线段

进行修剪,修剪结果如图 12-54 所示。

图 12-52 捕捉插入点

图 12-53 插入图形

图 12-54 修剪后的图形

2.插入按钮开关

将图 12-55 所示的按钮开关图形符号插入到图 12-56 所示的导线上。

图 12-55 按钮开关符号

图 12-56 导线 XY

❶ 旋转图形。单击"默认"选项卡"修改"面板中的"旋转"按钮,打开"对象捕捉"功能,选择按钮开关符号为旋转对象,用鼠标左键捕捉直线 3 的右端点为旋转基点,输入旋转角度为 90°,旋转结果如图 12-57 所示。

图 12-57 旋转图形

❷ 平移图形。单击"默认"选项卡"修改"面板中的"移动"按钮,选择按钮开关符号作为移动对象,用鼠标左键捕捉直线 3 的上端点作为移动基点,移动到导线 XY 处,用鼠标左键捕捉导线 XY 上的一端点 X 作为插入点,插入结果如图 12-58 所示。

图 12-58 移动图形

❸ 修剪图形。单击"默认"选项卡"修改"面板中的"修剪"按钮,将导线 XY 上多余的线段修剪掉,修剪结果如图 12-59 所示。

图 12-59 修剪图形

其他实体符号也可以按照上述的方法进行平移,关键在于捕捉一个合适的平移基点和插入点,这里就不再一一介绍。下面给出将所有的实体图形符号插入到线路结构图后的结果,如图 12-60 所示。

图 12-60 所有实体符号插入到线路结构图中

下一步应绘制导线连接点了，导线连接点的详细绘制步骤已介绍过，根据并励直流电动机串联电阻电路图的原理，绘制导线连接点的结果如图 12-61 所示。

图 12-61　绘制导线连接点

> **注意**　绘制若干个导线连接点时，单击"默认"选项卡"绘图"面板中的"圆"按钮 ◎，绘制一个以交点为中心，半径约等于 1mm 的圆，将需要绘制连接点的地方均绘制这样的圆；单击"默认"选项卡"绘图"面板中的"图案填充"按钮 ▦，单击"选择对象"按钮后，返回绘图界面，一次性选中所有的这些圆，确定后返回"图案填充和渐变色"对话框，将圆内填满黑色的图案（SOLID）即可。这样可以提高效率，因为如果多次利用"图案填充"命令，AutoCAD 2018 软件会反应较慢。

12.2.5　添加文字和注释

STEP　绘制步骤

❶ 打开"文字样式"对话框。单击"默认"选

项卡"注释"面板中的"文字样式"按钮 ₳，打开"文字样式"对话框，如图 12-62 所示。

图 12-62　"文字样式"对话框

❷ 新建文字样式。单击"新建"按钮，打开"新建文字样式"对话框，输入样式名为"注释"，单击"确定"按钮返回"文字样式"对话框。在"字体名"下拉列表中选择"仿宋_GB2312"选项，设置"高度"为 0、"宽度因子"为 1、"倾斜角度"为 0°，将"注释"样式设置为当前文字样式，单击"应用"按钮返回绘图窗口。

❸ 添加文字和注释到图中。单击"默认"选项卡"注释"面板中的"多行文字"按钮 ₳，在需要注释的位置拖出一个矩形框，弹出"文字编辑器"选项卡。选择"注释"样式，根据需要在图中添加注释文字，完成电路图的绘制，最终结果如图 12-1 所示。

12.3　综合实例——装饰彩灯控制电路

图 12-63 所示为装饰彩灯控制电路的一部分，可按要求编制出有多种连续流水状态的彩灯。

绘制本图的大致思路如下：首先绘制各个元器件图形符号，然后按照线路的分布情况绘制结构图，将各个元器件插入到结构图中，最后添加注释，完成本图的绘制。

扫一扫

图 12-63　装饰彩灯控制电路

STEP 绘制步骤

❶ 建立新文件。打开 AutoCAD 2018 应用程序，单击"快速访问"工具栏中的"新建"按钮，以"无样板打开 - 公制"建立新文件，将新文件命名为"装饰彩灯控制电路图 .dwt"并保存。

❷ 设置图层。一共设置"连接线层"和"实体符号层"两个图层，设置好的各图层的属性如图 12-64 所示。将"连接线层"设置为当前层，同时关闭"图框层"。

图 12-64　图层设置

STEP 绘制步骤

1. 绘制结构图

❶ 绘制水平连接线。单击"默认"选项卡"绘图"面板中的"直线"按钮，绘制长度为 577mm 的直线 1，效果如图 12-65 所示。

————————————————1————————————————

图 12-65　水平连接线

❷ 缩放和平移视图。利用"实时缩放"命令和"平移"命令，将视图调整到易于观察的程度。

❸ 偏移水平连接线。单击"默认"选项卡"修改"面板中的"偏移"按钮，以直线 1 为起始，依次向下绘制直线 2、3 和 4，偏移量分别为 60mm、15mm 和 85mm，效果如图 12-66 所示。

图 12-66　偏移水平线

❹ 绘制竖直连接线。单击"默认"选项卡"绘图"面板中的"直线"按钮 ╱，同时启动"对象捕捉"功能，绘制直线 5 和 6，效果如图 12-67 所示。

图 **12-67** 绘制竖直线

❺ 偏移竖直连接线。单击"默认"选项卡"修改"面板中的"偏移"按钮 ⬤，以直线 5 为起始，向右偏移 82mm，重复执行"偏移"命令，以直线 6 为起始，向右偏移 53mm 和 29mm，效果如图 12-68 所示。

图 **12-68** 偏移竖线

❻ 删除直线。单击"默认"选项卡"修改"面板中的"删除"按钮 ✐，删除直线 5 和 6，效果如图 12-69 所示。

图 **12-69** 删除竖线

2. 连接信号灯与晶闸管

❶ 单击"默认"选项卡"绘图"面板中的"圆"按钮 ⊘，绘制一个半径为 5mm 的圆，效果如图 12-70（a）所示。

❷ 单击"默认"选项卡"绘图"面板中的"直线"按钮 ╱，以圆心作为起点，竖直向上绘制长度为 15mm 的直线，效果如图 12-70（b）所示。

❸ 单击"默认"选项卡"修改"面板中的"拉长"按钮 ╱，将第❷步画的竖直线段向下拉长，长度为 15mm，效果如图 12-70（c）所示。

❹ 单击"默认"选项卡"修改"面板中的"旋转"按钮 ↻，选择"复制"模式，将绘制的竖直直线绕圆心旋转 45°；重复执行"旋转"命令，选择"复制"模式，将绘制的竖直直线绕圆心旋转 –45°，效果如图 12-70（d）所示。

❺ 单击"默认"选项卡"修改"面板中的"修剪"按钮 ╱，对图形进行修剪，修剪后的结果如图 12-70（e）所示。

图 **12-70** 信号灯符号

❻ 单击"默认"选项卡"修改"面板中的"复制"按钮 🔗，将信号灯符号向右复制，复制距离为 15mm。

❼ 单击"默认"选项卡"绘图"面板中的"直线"按钮 ╱，用鼠标捕捉两个信号灯符号的下端点作为直线的起点和终点，绘制水平直线，效果如图 12-70（f）所示。

❽ 单击"默认"选项卡"绘图"面板中的"多边形"按钮 ⬡，绘制一个内接圆半径为 5mm 正三角形，如图 12-71（a）所示。

❾ 单击"默认"选项卡"修改"面板中的"旋转"按钮 ↻，选择"复制"模式，以 O 为基点旋转 60°，如图 12-71（b）所示。

❿ 单击"默认"选项卡"修改"面板中的"移动"按钮 ✜，将三角形 2 向右移动，距离为 5mm，效果如图 12-71（c）所示。

⓫ 单击"默认"选项卡"绘图"面板中的"直线"按钮 ╱，绘制两条水平线段，长度为 10mm，如图 12-71（d）所示。

⓬ 单击"默认"选项卡"绘图"面板中的"直线"按钮 ╱，绘制两条竖直线段，长度为 5mm，如图 12-71（d）所示。

⓭ 单击"默认"选项卡"绘图"面板中的"直线"按钮 ╱，在下端绘制一条连续的线段，结果如图 12-71（d）所示。

（a） （b） （c）

（d）

图 12-71 双向晶闸管符号

⓮ 单击"默认"选项卡"修改"面板中的"移动"按钮➕，以信号灯符号为平移对象，用鼠标捕捉其端点 n 为平移基点，移动图形，并捕捉晶闸管上端点 P 为目标点，平移后的结果如图 12-72 所示。

图 12-72 连接图

3. 将信号灯与晶闸管图形符号插入结构图

❶ 移动图形。单击"默认"选项卡"修改"面板中的"移动"按钮➕，选择图 12-72 所示的图形为平移对象，用鼠标捕捉其端点 m 作为平移基点，移动图形，并捕捉图 12-69 所示图形上的交点 a 为目标点，平移后的结果如图 12-73 所示。

图 12-73 插入结构图

❷ 延伸直线。单击"默认"选项卡"修改"面板中的"延伸"按钮⊸，结果如图 12-74 所示。

图 12-74 延伸直线

❸ 绘制直线。单击"默认"选项卡"绘图"面板中的"直线"按钮／，以图 12-75（a）所示端点为起点，利用"极轴追踪"功能绘制一条竖直线，效果如图 12-75（b）所示。

（a） （b）

图 12-75 绘制斜线

❹ 删除直线。单击"默认"选项卡"修改"面板中的"删除"按钮，删除多余的直线，效果如图 12-76 所示。

图 12-76 删除后结果

❺ 阵列图形。单击"默认"选项卡"修改"面板中的"矩形阵列"按钮，选择前面插入的图形为阵列对象，设置"行数"为 1，"列数"为 7，"间距"为 80，阵列结果如图 12-77 所示。

4. 将电阻和发光二极管图形符号插入结构图

❶ 连接电阻和发光二极管符号。单击"默认"选项卡"修改"面板中的"移动"按钮➕，连接电阻和发光二极管符号，效果如图 12-78 所示。

图 12-77 阵列结果

图 12-78 连接结果

❷ 平移图形。单击"默认"选项卡"修改"面板中的"移动"按钮，在"对象捕捉"绘图方式

下，用鼠标捕捉图 12-78 中端点 f 作为平移基点，移动鼠标，在图 12-75 所示的结构图中，用鼠标捕捉 b 点作为平移目标点，将图形符号平移到结构图中，删除多余直线，效果如图 12-79 所示。

❸ 阵列图形。单击"默认"选项卡"修改"面板中的"矩形阵列"按钮，选择前面刚插入到结构图中的电阻和二极管符号为阵列对象，设置"行数"为 1，"列数"为 7，"间距"为 80，阵列结果如图 12-80 所示。

图 12-79 平移结果

图 12-80 阵列结果

5. 将电阻和晶体管图形符号插入结构图

❶ 连接电阻和晶体管符号。单击"默认"选项卡"修改"面板中的"移动"按钮，连接电阻和晶体管符号，效果如图 12-81（a）所示。

（a） （b）
图 12-81 连接结果

❷ 平移图形。单击"默认"选项卡"修改"面板中的"移动"按钮，在"对象捕捉"绘图方式下，用鼠标捕捉图 12-81(b) 中端点 S 作为平移基点，移动鼠标，在图 12-80 所示的结构图中，用鼠标捕捉 c 点作为平移目标点，将图形符号平移到结构图中，删除多余直线，效果如图 12-82 所示。

❸ 阵列图形。单击"默认"选项卡"修改"面板中的"矩形阵列"按钮，选择前面刚插入到结构图中的电阻和三极管符号为阵列对象，设置"行数"为 1，"列数"为 7，"间距"为 80，阵列结果

如图 12-83 所示。

❹ 平移图形。单击"默认"选项卡"修改"面板中的"移动"按钮✛，在"对象捕捉"绘图方式下，用鼠标捕捉图 12-81(b)中端点 S 作为平移基点，移动鼠标，在图 12-83 所示的结构图中，用鼠标捕捉 c 点作为平移目标点，将图形符号平移到结构图

中，删除多余直线，效果如图 12-84 所示。

❺ 阵列图形。单击"默认"选项卡"修改"面板中的"矩形阵列"按钮▦，选择图 12-84 中刚插入到结构图中的电阻和三极管符号为阵列对象，设置"行数"为 7，"列数"为 1，"间距"为 –40，阵列结果如图 12-85 所示。

图 12-82　平移结果

图 12-83　阵列结果

图 12-84　平移结果

图 12-85　阵列结果

❻ 绘制直线。单击"默认"选项卡"绘图"面板中的"直线"按钮 ✏，添加连接线，并补充绘制其他图形符号，效果如图 12-86 所示。

图 12-86　添加连接线

12.3.3 | 添加注释

STEP 绘制步骤

1. 设置文字样式

❶ 单击"默认"选项卡"注释"面板中的"文字样式"按钮 🅰，系统打开"文字样式"对话框，如图 12-87 所示。

图 12-87　"文字样式"对话框

❷ 新建文字样式。在"文字样式"对话框中单击"新建"按钮，打开"新建文字样式"对话框，

输入样式名"装饰彩灯控制电路图"，并单击"确定"按钮，返回"文字样式"对话框。

❸ 设置字体。在"字体名"下拉列表框中选择"仿宋_GB2312"。

❹ 设置高度。将"高度"设置为 6。

❺ 设置宽度因子。在"宽度因子"文本框中输入 1，"倾斜角度"为默认值 0。

❻ 检查预览区文字外观，如果合适，则依次单击"应用""置为当前""关闭"按钮。

2. 添加注释文字

单击"默认"选项卡"注释"面板中的"多行文字"按钮 🅰，一次输入几行文字，然后调整其位置，以对齐文字。调整位置的时候，结合使用正交命令。

3. 修改文字

使用文字编辑命令修改文字来得到需要的文字。添加注释文字后，即完成了整张图的绘制，效果如图 12-63 所示。

12.4 上机实验

【实验】绘制多指灵巧手控制电路图

1. 目的要求

绘制如图 12-88 所示的多指灵巧手控制电路图。

图 12-88 多指灵巧手控制电路图

2. 操作提示

（1）绘制多指灵巧手控制系统图。

（2）绘制低压电气图。

（3）绘制主控系统图。

12.5 思考与练习

绘制如图 12-89 所示的 SINUMERIK 820 控制系统的硬件结构图。

图12-89 SINUMERIK 820 控制系统的硬件结构图

第 13 章

建筑电气平面图设计

建筑电气设计是基于建筑设计和电气设计的一个交叉学科。建筑电气设计一般又分为建筑电气平面图和建筑电气系统图。本章将着重讲解建筑电气平面图的绘制方法和技巧。

重点与难点

- 建筑电气工程图简介
- 机房综合布线和保安监控平面图
- 车间电力平面图

13.1 建筑电气工程图简介

建筑电气工程图具有不同于机械图、建筑图的特点，掌握建筑电气工程图的特点，将会对绘制建筑电气工程图提供很多方便。它们主要有以下特点。

● 建筑电气工程图大多是采用统一的图形符号并加注文字符号绘制出来的。绘制建筑电气工程图，首先必须明确和熟悉这些图形符号所表达的内容和含义，以及它们之间的相互关系。

● 建筑电气工程中的各个回路是由电源、用电设备、导线和开关控制设备组成的。要真正理解图纸，还应该了解设备的基本结构、工作原理、工作程序、主要性能和用途等。

● 电路中的电气设备、元件等，彼此之间都是通过导线将其连接起来构成一个整体的。

● 建筑电气工程施工往往与主体工程及其他安装工程施工相互配合进行。

建筑电气工程图是应用非常广泛的电气图之一。建筑电气工程图可以表明建筑电气工程的构成规模和功能，详细描述电气装置的工作原理，提供安装技术数据和使用维护方法。建筑物的规模和要求不同，建筑电气工程图的种类和图纸数量也不相同，常用的建筑电气工程图主要有以下几类。

1. 说明性文件

（1）图纸目录：内容有序号、图纸名称、图纸编号和图纸张数等。

（2）设计说明（施工说明）：主要阐述电气工程设计依据、工程的要求和施工原则、建筑特点、电气安装标准、安装方法、工程等级、工艺要求及有关设计的补充说明等。

（3）图例：即图形符号和文字代号，通常只列出本套图纸涉及的一些图形符号和文字代号所代表的意义。

（4）设备材料明细表（零件表）：列出该项电气工程所需要的设备和材料的名称、型号、规格和数量，供设计概算、施工预算及设备订货时参考。

2. 系统图

系统图是表现电气工程的供电方式、电力输送、分配、控制和设备运行情况的图纸。从系统图中可以粗略地看出工程的概貌。系统图可以反映不同级别的电气信息，如变配电系统图、动力系统图、照明系统图和弱电系统图等。

3. 平面图

电气平面图是表示电气设备、装置与线路平面布置的图纸，是进行电气安装的主要依据。电气平面图是以建筑平面图为依据，在图上绘出电气设备、装置及线路的安装位置和铺设方法等的平面图。常用的电气平面图有变配电所平面图、室外供电线路平面图、动力平面图、照明平面图、防雷平面图、接地平面图和弱电平面图等。

4. 布置图

布置图是表现各种电气设备和器件平面与空间的位置、安装方式及其相互关系的图纸。通常由平面图、立面图、剖面图及各种构件详图等组成。一般来说，设备布置图是按三视图原理绘制的。

5. 安装接线图

安装接线图常被称为安装配线图，主要是用来表示电气设备、电器元件和线路的安装位置、配线方式、接线方法及配线场所特征的图纸。

6. 电路图

电路图常被称作电气原理图，主要是用来表现某一电气设备或系统的工作原理的图纸，它是按照各个部分的动作原理图，采用分开表示法展开绘制的。通过对电路图的分析，可以清楚地看出整个系统的动作顺序。电路图可以用来指导电气设备和器件的安装、接线、调试、使用与维修。

7. 详图

详图是表现电气工程中设备的某一部分的具体安装要求和作法的图纸。

13.2 综合实例——机房综合布线和保安监控平面图

图 13-1 所示是机房综合布线和保安监控平面图，此图的绘制思路为：先绘制有轴线和墙线的基本图，然后绘制门洞和窗洞，即可完成电气图需要的建筑图；在建筑图的基础上绘制电路图所需图例，如信息插座、电缆桥架、定焦镜头摄像机等，效果如图 13-1所示。

扫一扫

图 13-1　机房综合布线和保安监控平面图

13.2.1 设置绘图环境

STEP 绘制步骤

❶ 建立新文件。打开 AutoCAD 2018 应用程序，单击快速访问工具栏中的"新建"按钮，打开"选择样板"对话框，以"无样板打开-公制（M）"方式创建一个新的空白图形文件，将新文件命名为"机房综合布线和保安监控平面图 .dwt"，并保存。

❷ 设置图层。设置"轴线层""建筑层""电气层""图框层""标注层"和"文字说明层"等几个图层，将"轴线层"颜色设置为红色，并设置为当前图层，如图 13-2 所示。

13.2.2 绘制建筑图

STEP 绘制步骤

1. 绘制轴线

❶ 单击"默认"选项卡"绘图"面板中的"直线"按钮，绘制竖直线段 1，长度为 37200mm，利用"实时缩放"和"平移"命令，将视图调整到易于观察的程度。

❷ 单击"默认"选项卡"修改"面板中的"偏移"按钮，以第❶步画的线段 1 为起始，依次向右偏移，偏移量分别为 6030 mm、3100mm、5050mm、3175mm、4300mm、2950mm、4300mm、3175mm、5050mm、3100mm、290mm 和 7900mm。

图13-2 图层设置

❸ 单击"默认"选项卡"绘图"面板中的"直线"按钮，绘制水平线段2，连接图中 *O*、*P* 两点。

❹ 单击"默认"选项卡"修改"面板中的"偏移"按钮，将水平线段向上偏移，距离分别为 3000mm、2500mm、5755mm、4300mm、3450mm、4300mm、5575mm、2500mm 和 3000mm，结果如图 13-3 所示。

图13-3 轴线图

2. 绘制墙线

❶ 设置多线样式。将"建筑层"设置为当前图层。选择菜单栏中的"格式"→"多线样式"命令，打开"多线样式"对话框，如图 13-4 所示。

图13-4 "多线样式"对话框

❷ 在"多线样式"对话框中，可以看到"样式"栏中只有系统自带的 STANDARD 样式，单击右侧的"新建"按钮，打开"创建新的多线样式"对话框，如图 13-5 所示。在"新样式名"文本框中输入 240。

图13-5 新建多线样式

单击"继续"按钮，打开"新建多线样式：240"对话框，参数设置如图 13-6 所示，单击"确定"按钮。

图13-6 编辑新建多线样式

❸ 单击"新建"按钮，继续设置多线"WALL_1"，参数设置如图 13-7（a）和 13-7（b）所示，单击"确定"按钮。

（a）

图13-7 新建多线 WALL_1 参数设置

（b）

图 13-7 新建多线 WALL_1 参数设置（续）

❹ 选择菜单栏中的"绘图"→"多线"命令，绘制多线。命令行提示与操作如下。

```
命令：mline
当前设置：对正 = 上，比例 = 20.00，样式 =
STANDARD
指定起点或 [对正 (J) / 比例 (S) / 样式 (ST)]:
```

st（设置多线样式）
输入多线样式名或 [?]：240（多线样式为240）
当前设置：对正 = 上，比例 = 20.00，样式 = 240
指定起点或 [对正 (J) / 比例 (S) / 样式 (ST)]: j
输入对正类型 [上 (T) / 无 (Z) / 下 (B)] <上>: z（设置对正模式为无）
当前设置：对正 = 无，比例 = 20.00，样式 = 240
指定起点或 [对正 (J) / 比例 (S) / 样式 (ST)]: s
输入多线比例 <20.00>:（设置线型比例为1）
当前设置：对正 = 无，比例 =1，样式 = 240
指定起点或 [对正 (J) / 比例 (S) / 样式 (ST)]:（选择上边框水平轴线左端）
指定下一点：（选择上边框水平轴线右端）
指定下一点或 [放弃 (U)]: ✓（沿轴线绘制外轮廓）

❺ 建筑平面设计图的绘制请参阅相关书籍。墙体绘制结果如图 13-8 所示。图中1、2、3表示 3 个电井。

图 13-8 机房墙体图

3. 绘制门、洗手间、楼梯

门、洗手间、楼梯的绘制请参阅相关书籍，这里不再介绍。绘制完成后，将这 3 部分加入到主视图中，单击"默认"选项卡"注释"面板中的"多行文字"按钮 **A**，在图中加入注释，建筑图部分即绘制完成，绘制完成的结果如图 13-9 所示。

13.2.3 绘制电气图

下面主要介绍电气部分的绘制，绘制电气符号时，注意要将图层切换到"电气层"。

STEP 绘制步骤

1. 绘制双孔信息插座（墙插）

❶ 单击"默认"选项卡"绘图"面板中的"矩形"按钮 ▢，绘制一个矩形，矩形尺寸为 8mm×4mm，然后再单击"默认"选项卡"绘图"面板中的"直线"按钮 ✏，过矩形的两个边的中点绘制两条中心线，结果如图 13-10（a）所示。

❷ 单击"默认"选项卡"绘图"面板中的"直

图13-9 机房建筑结构图

像"按钮 ⚎，以矩形的中心线为中心，作左侧圆的镜像，单击"默认"选项卡"修改"面板中的"删除"按钮 🖊️，删去多余的线段，结果如图 13-10（c）所示。

图13-10 双孔信息插座（墙插绘制过程图）

2. 绘制双孔信息插座（地插）

双孔信息插座（地插）是在绘制双孔信息插座（墙插）的基础上单击"默认"选项卡"注释"面板中的"多行文字"按钮 Ａ，在图形的右侧添加文字"D"，结果如图 13-11 所示。

图13-11 绘制双孔信息插座（地插）

3. 绘制电缆桥架

电缆桥架的表示方法有两种，如果桥架在吊顶内，用细实线表示，如果桥架在活动地板下则用虚线表示，单击"默认"选项卡"绘图"面板中的"直线"按钮 ／，绘制桥架示意图，结果如图 13-12 所示。

图13-12 电缆桥架

4. 绘制定焦镜头摄像机

❶ 单击"默认"选项卡"绘图"面板中的"矩形"按钮 ▢，绘制两个矩形，大矩形的尺寸为 16mm×8mm，小矩形的尺寸为 4mm×2mm，结果如图 13-13（a）所示。

❷ 单击"默认"选项卡"绘图"面板中的"直线"按钮 ／，过矩形短边的中点绘制一条中心线，然后单击大矩形，拖到右下方一点，将这点向左拖动 3mm，如图 13-13（b）所示。

❸ 单击"默认"选项卡"修改"面板中的"移动"按钮 ✛，注意在"捕捉"选项中选中"中点"项，将小矩形移动到适当的位置；注意小矩形的短边的中点应该在中心线上，结果如图 13-13（c）所示。

❹ 左键选中小矩形，然后拖动小矩形左侧的短边，将短边的两个端点都拖动到大矩形的斜边上，结果如图 13-13（d）所示。

❺ 左键双击大矩形，选中大矩形，然后状态栏中会提示命令信息，这时在键盘上输入 W，也就是选择"宽度"，确定后再输入 20，即改变了线型的宽度为 20mm，绘制的过程中状态栏显示以下信息，然后按 Esc 键结束命令状态，绘制结果如图所示 13-13（e）所示。命令行提示与操作如下：

```
命令: Pedit
输入选项 [打开（O）/合并（J）/宽度（W）/编辑
顶点（E）/拟合（F）/样条曲线（S）/非曲线化（D）
/线型生成（L）/放弃（U）]: W
指定所有线段的新宽度: 0.3
输入选项 [打开（O）/合并（J）/宽度（W）/编辑
顶点（E）/拟合（F）/样条曲线（S）/非曲线化（D）
/线型生成（L）/放弃（U）]: *取消*
```

❻ 单击"默认"选项卡"特性"面板中"特性匹配"按钮，选中大矩形，再点小矩形，使小矩形的特性格式与大矩形的特性格式保持一致，单击"默认"选项卡"修改"面板中的"删除"按钮，删除中心线，结果如图 13-13（f）所示，定焦镜头摄像机的简图绘制完成。

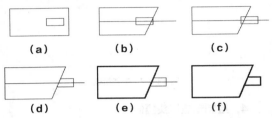

图 13-13　定焦镜头摄像机的绘制过程图

❼ 安装元器件，将各元器件移动到平面图中适当的位置。

5. 其他符号

下面介绍一些符号代表的信息，这些符号在本图中都将用到。

- SC：线路穿水煤气钢管敷设。
- CT：线路沿桥架敷设。
- FC：线路在地板内暗敷。
- MF：线路在活动地板下敷设。
- AC：线路在吊顶内敷设。
- CE：线路沿顶板内明敷。
- WC：线路沿墙暗敷。

将这些部分加入到主图中的预留 AGC 机房中，结果如图 13-14 所示。

图 13-14　加入电气图后的 AGC 机房

用同样的方法，将电气图绘制完全，就可得到本节开始图 13-1 所示的图纸。

13.3　综合实例——车间电力平面图

图 13-15 是某车间电力平面图，这一平面图是在建筑平面图的基础上绘制出来的。该建筑物主要由 3 个房间组成，建筑物采用尺寸数字定位（没有画出定位轴线）。该图比较详细地表示了各电力配电线路（干线、支线）、配电箱、各电动机等的平面布置及其有关内容。本图的绘制思路如下：先绘制建筑平面图，然后绘制配电干线，最后书写各种代号和型号，完成绘制。

图 13-15　车间电力平面图

13.3.1 | 设置绘图环境

STEP 绘制步骤

❶ 建立新文件。打开 AutoCAD 2018 应用程序，单击快速访问工具栏中的"新建"按钮 🗋，打开"选择样板"对话框，以"无样板打开-公制（M）"方式创建一个新的空白图形文件，将新文件命名为"车间电力平面图 .dwg"并保存。

❷ 设置图层。新建"电气层""文字层""建筑层"和"轴线层"，将"轴线层"颜色设置红色，修改线型并置为当前图层，如图 13-16 所示。

图 13-16 图层设置

13.3.2 | 绘制轴线与墙线

STEP 绘制步骤

1. 绘制轴线

❶ 单击"默认"选项卡"绘图"面板中的"直线"按钮 ╱，绘制竖直线段，长度为 19000mm，单击鼠标右键，选择"特性"命令，在弹出的"特性"对话框中将"线型比例"改为 100。

❷ 单击"默认"选项卡"修改"面板中的"偏移"按钮 ⬜，将第❶步绘制的线段向右偏移，距离分别为 8000mm、32000mm 和 8000mm。效果如图 13-17（a）所示。

❸ 单击"默认"选项卡"绘图"面板中的"直线"按钮 ╱，绘制水平线段，连接图中 o、p 两点，选择"特性匹配"命令，源对象选择线段 1，目标对象选择线段 2，效果如图 13-17（b）和图 13-17（c）所示。

❹ 单击"默认"选项卡"修改"面板中的"偏移"按钮 ⬜，将水平线段向上偏移复制，距离为 9000mm、10000mm，如图 13-17（d）所示。

（a）

（b）

（c）

（d）

图 13-17 绘制轴线

2. 绘制墙线

❶ 设置多线。将"240"设置为当前图层。多线的设置步骤同前面 13.3.1 节一样，设置各参数，如图 13-18 所示，新建多线样式 WALL-1 各参数如图 13-19 所示。

❷ 选择菜单栏中的"绘图"→"多线"命令，然后依照以下命令行的提示，进行设置及绘图。命令行提示与操作如下。

图 13-18 多线样式 240 设置

图 13-18 多线样式 240 设置（续）

图 13-19 多线样式 WALL_1 设置

```
命令：mline
当前设置：对正 = 上，比例 = 20.00，样式 =
STANDARD
指定起点或 [对正 (J) / 比例 (S) / 样式 (ST)]：
st (设置多线样式)
输入多线样式名或 [?]：240 (多线样式为 240)
当前设置：对正 = 上，比例 = 20.00，样式 =
240
指定起点或 [对正 (J) / 比例 (S) / 样式 (ST)]：j
输入对正类型 [上 (T) / 无 (Z) / 下 (B)] <上>：
z (设置对正模式为无)
当前设置：对正 = 无，比例 = 20.00，样式 =
240
指定起点或 [对正 (J) / 比例 (S) / 样式 (ST)]：s
输入多线比例 <20.00>：1 (设置线型比例为 1)
当前设置：对正 = 无，比例 =1，样式 = 240
指定起点或 [对正 (J) / 比例 (S) / 样式 (ST)]：(选
择底端水平轴线左端)
指定下一点：(选择底端水平轴线右端)
指定下一点或 [放弃 (U)]：✓
```

完成绘制的墙线如图 13-20 所示。

图 13-20 绘制墙线

3. 继续绘制窗线

❶ 单击"默认"选项卡"修改"面板中的"分解"按钮 ， 将绘制的多线进行分解。

❷ 利用"窗口缩放"命令和"平移"命令，将图中位置 A 的图形放到绘图区域易于绘制的位置，如图 13-21（a）所示。

（a）　　　　　　（b）

（c）

（d）

（e）
图 13-21 绘制窗线

❸ 选择菜单栏中的"修改"→"对象"→"多线"命令，在"多线编辑工具"对话框中选择"T形打开"，对图形进行修整，如图 13-21（b）所示，按同样的方法对其余多线连接处进行修整。

❹ 单击"默认"选项卡"绘图"面板中的"直线"按钮╱，在图中所示位置绘制竖直线段，长度为 240，如图 13-21（c）所示。

❺ 单击"默认"选项卡"修改"面板中的"偏移"按钮，将竖直线段向右偏移，偏移距离分别为：7000mm、3310mm、2810mm、7000mm、2810mm、7000mm、2810mm 和 7000mm。

❻ 单击"默认"选项卡"绘图"面板中的"直线"按钮╱和"修改"工具栏中的"偏移"按钮，按图中所示位置绘制竖直线段，长度为240mm，并将其进行偏移，偏移量为3000mm，结果如图 13-21（c）所示。

❼ 单击"默认"选项卡"修改"面板中的"修剪"按钮╱，按照图 13-21（d）所示，将多余线段修剪掉。

❽ 选择菜单栏中的"绘图"→"多线"命令，命令行提示与操作如下。

```
命令：mline
当前设置：对正 = 上，比例 = 20.00，样式 =
240
指定起点或 [对正(J)/比例(S)/样式(ST)]：
st（设置多线样式）
```

```
输入多线样式名或 [?]：  wall-1（多线样式为
wall-1）
```

13.3.3 | 绘制配电干线

STEP 绘制步骤

❶ 绘制矩形。单击"默认"选项卡"绘图"面板中的"矩形"按钮□，绘制一个长为500mm，宽度为1500mm 的矩形。

❷ 绘制直线。启用"对象捕捉"方式，捕捉矩形短边的中点，单击"默认"选项卡"绘图"面板中的"直线"按钮╱，将矩形平分为二，效果如图13-22 所示。

❸ 填充矩形。单击"默认"选项卡"绘图"面板中的"图案填充"按钮，用"SOLID"图案填充所要填充的图形，效果如图 13-23 所示。

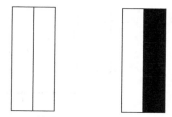

图13-22　绘制矩形　　图13-23　填充矩形

❹ 移动配电箱。单击"默认"选项卡"修改"面板中的"移动"按钮，把绘制的配电箱移动到如图 13-24 所示的位置上。

图13-24　移动配电箱

❺ 复制配电箱。单击"默认"选项卡"修改"面板中的"复制"按钮，把配电箱图形向右复制两份。

❻ 旋转配电箱。单击"默认"选项卡"修改"

面板中的"旋转"按钮，把第❺步复制的配电箱图形一个旋转90°，另一个旋转–90°，效果如图13-25 所示。

❼ 复制配电箱。单击"默认"选项卡"修改"

面板中的"复制"按钮 🔾，把旋转后的配电箱图形复制到上下墙边，效果如图 13-26 所示。

❽ 绘制配电柜。单击"默认"选项卡"绘图"面板中的"矩形"按钮 □，绘制长度为 1000mm，宽度为 500mm 的矩形。单击"默

认"选项卡"修改"面板中的"移动"按钮 ✛，将矩形移动到如图 13-27 所示的位置。

❾ 绘制电机。单击"默认"选项卡"绘图"面板中的"圆"按钮 ⊘，绘制半径为 400mm 的圆作为电动机的示意图，效果如图 13-28 所示。

图13-25 旋转配电箱

图13-26 复制配电箱

图13-27 绘制配电柜

图13-28 绘制电机符号

⑩ 绘制连线。单击"默认"选项卡"绘图"面板中的"直线"按钮 ✎，绘制配电柜与配电箱之间、各个配电箱与电机之间的连线，效果如图 13-29 所示。

图 13-29 绘制连线

13.3.4 添加注释文字

STEP 绘制步骤

❶ 打开"文字样式"对话框。单击"默认"选项卡"注释"面板中的"文字样式"按钮 ，打开"文字样式"对话框，如图 13-30 所示。单击"新建"按钮，打开"新建样式"对话框，输入"车间电力平面图"。确定后返回"文字样式"对话框。在"字体名"下拉框中选择"txt.shx"，"高度"设置为 500，"宽度因子"设置为 0.7，"倾斜角度"为默认值 0，单击"应用"和"置为当前"按钮后返回绘图区，如图 13-30 所示。

图 13-30 "文字样式"对话框

❷ 书写配电箱与配电柜编号。将"文字层"设置为当前层，单击"默认"选项卡"注释"面板中的"多行文字"按钮 A，书写配电箱和配电柜的编号，效果如图 13-31 所示。

图 13-31 书写配电箱和配电柜编号

❸ 书写各个电机编号。单击"默认"选项卡"注释"面板中的"多行文字"按钮 A，书写各个电机的编号，效果如图 13-32 所示。

❹ 书写 2 号配电箱出线型号。单击"默认"选项卡"注释"面板中的"多行文字"按钮 A，书写 2 号配电箱出线型号"2-BLX-3×95-KW"，效果如

图 13-32　书写各个电机编号

图 13-33 所示。

图 13-33　书写配电箱出线型号

图 13-34　绘制箭头

❺ 绘制箭头。单击"默认"选项卡"绘图"面板中的"直线"按钮 ╱ ，绘制一条斜线，重复执行"直线"命令，以绘制的斜线下端点为起点绘制一条短斜线，效果如图 13-34 所示。

❻ 书写其他配电箱出线型号。单击"默认"选项卡"注释"面板中的"多行文字"按钮 **A** ，按上面书写 2 号配电箱出线型号和绘制箭头的方法，书写其他配电箱出线型号和配电柜入线型号，效果如图 13-35 所示。

❼ 书写配电箱与电机连线型号。单击"默认"选项卡"注释"面板中的"多行文字"按钮 **A** ，书写 1 号配电箱与左边第 1 个电机连线的型号"BV-3×25 SC32-FC"，单击"默认"选项卡"修改"面板中的"旋转"按钮 ↻ 和"移动"按钮 ✛ ，使文字与连线一致，效果如图 13-36 所示。

❽ 书写其他配电箱与电机连线型号。单击"默认"选项卡"注释"面板中的"多行文字"按钮 **A** ，按照前面的方法，书写其他配电箱与电机连线的型号。

图 13-35　书写出线与入线型号

图13-36 书写1号箱左边第1条连线的型号

❾ 绘制矩形。单击"默认"选项卡"绘图"面板中的"矩形"按钮□，绘制一个长度为3000mm，宽度为3000mm的矩形。

❿ 移动矩形。单击"默认"选项卡"修改"面板中的"移动"按钮✛，以第❾步绘制的矩形左边中点为移动基准点，如图13-37所示的中点为移动

目标点移动，效果如图13-37所示。

⓫ 修剪图形。单击"默认"选项卡"修改"面板中的"修剪"按钮✂，使用30mm×30mm的矩形修剪出里面的门洞，效果如图13-38所示，即为绘制完成的车间电力平面图。

⓬ 修改标注比例。

图13-37 捕捉中点

图13-38 修剪线段

（1）单击"默认"选项卡"注释"面板中的"标注样式"按钮，单击"新建"按钮，"新样式名"改为"车间电力平面图"，在"文字样式"下拉菜单中选择"车间电力平面图"，如图 13-39 所示。

图 13-39 "新建标注样式：车间电力平面图"对话框

（2）单击"默认"选项卡"注释"面板中的"线性"按钮，标注轴线之间的距离，效果如图 13-40 所示。

图 13-40 标注结果

13.4 上机实验

【实验】绘制防雷接地工程图

1. 目的要求

绘制如图 13-41 所示的防雷接地工程图。

图 13-41 防雷接地工程图

2. 操作提示

设置避雷带或避雷网,采用利用基础内的钢筋作为防雷的引下线,埋设人工接地体的方式。

13.5 思考与练习

绘制如图 13-42 所示的住宅楼低压配电干线系统图。

低压配电干线系统图 1:50

图 13-42 住宅楼低压配电干线系统图

第 14 章

建筑电气系统图设计

在建筑电气设计中，与建筑电气平面图对应的是建筑电气系统图。与建筑电气平面图相比，建筑电气系统图对尺寸要求不太严格，而更讲究图形的布局。本章着重讲述建筑电气系统图的绘制方法和技巧。

重点与难点

- ➲ 网球场配电系统图
- ➲ 厂房消防报警系统图

扫一扫

14.1 综合实例——网球场配电系统图

图 14-1 所示为某网球场配电系统图，此图中需要复制的部分比较多，"阵列"和"复制"命令结合使用，可以使绘图简便，而且可使图形整洁、清晰。绘制本图时应先绘制定位辅助线，然后分为左右两个部分，分别加以绘制。

图14-1 某网球场配电系统图

14.1.1 设置绘图环境

绘制步骤

❶ 建立新文件。打开 AutoCAD 2018 应用程序，单击快速访问工具栏中的"新建"按钮 📄，打开"选择样板"对话框，以"无样板打开-公制（M）"

方式创建一个新的空白图形文件，将新文件命名为"某网球场配电系统图 .dwg"并保存。

❷ 设置图层。一共需设置"绘图层""标注层"和"辅助线层"3 个图层，设置好的各图层的属性如图 14-2 所示。

图14-2 图层设置

14.1.2 | 绘制定位辅助线

STEP **绘制步骤**

❶ 绘制图框。将"辅助线层"设置为当前层，单击"默认"选项卡"绘图"面板中的"矩形"按钮□，绘制一个长度为 370mm、宽度为 250mm 的矩形，作为绘图的界限，如图 14-3 所示。

图 14-3 绘制图框

❷ 绘制轴线。单击"默认"选项卡"绘图"面板中的"直线"按钮 ∕，以矩形的长边中点为起始点和终止点绘制一条直线，将绘图区域分为两个部分，如图 14-4 所示。

图 14-4 分割绘图区域

14.1.3 | 绘制系统图形

STEP **绘制步骤**

❶ 转换图层。打开"图层特性管理器"对话框，把"绘图层"设置为当前层。

❷ 分解矩形。单击"默认"选项卡"修改"面板中的"分解"按钮 ⃞，将矩形边框分解为直线。

❸ 偏移直线。单击"默认"选项卡"修改"面板中的"偏移"按钮 ⌂，将矩形上边框直线向下偏

移，偏移距离为 95mm，同时将矩形左边框直线向右偏移，偏移距离为 36mm，如图 14-5 所示。

图 14-5 偏移直线

❹ 绘制直线。单击"默认"选项卡"绘图"面板中的"直线"按钮 ∕，在"对象捕捉"和"正交模式"绘图方式下，用鼠标捕捉图 14-5 中的交点 A，以其作为起点，向右绘制长度为 102mm 的直线 AB，向下绘制长度为 82mm 的直线 AC，单击"默认"选项卡"修改"面板中的"删除"按钮 ⃟，将两条垂直的辅助线删除，效果如图 14-6 所示。

图 14-6 绘制直线

❺ 偏移直线。单击"默认"选项卡"修改"面板中的"偏移"按钮 ⌂，将直线 AB 向下偏移，偏移距离为 11mm 和 67mm，效果如图 14-7 所示。

图 14-7 偏移直线

❻ 绘制矩形。单击"默认"选项卡"绘图"面

板中的"矩形"按钮 □，绘制长度为 9mm，宽度为 9mm 的矩形。

❼ 分解矩形。单击"默认"选项卡"修改"面板中的"分解"按钮 ⬚，将第❻步中绘制的矩形边框分解为直线。

❽ 偏移直线。单击"默认"选项卡"修改"面板中的"偏移"按钮 ⬚，将矩形的上边框向下偏移，偏移距离为 2.7mm，效果如图 14-8 所示。

图 14-8　偏移直线

❾ 添加文字。打开"图层特性管理器"对话框，将"标注层"设置为当前层。单击"默认"选项卡"注释"面板中的"多行文字"按钮 A，设置样式为 Standard，文字高度设为 2.5，效果如图 14-9 所示。

图 14-9　添加文字

❿ 局部放大。利用"窗口缩放"命令，局部放大如图 14-10 所示的图形，准备下一步操作。

图 14-10　框选图形

⓫ 移动图形。单击"默认"选项卡"修改"面板中的"移动"按钮 ✥，以图 14-11 所示中点为移动基准点，以图 14-7 中的 D 点为移动目标点，移动结果如图 14-12 所示。

图 14-11　捕捉中点

图 14-12　移动图形

⓬ 绘制直线。打开"图层特性管理器"对话框，将"绘图层"设置为当前层。单击"默认"选项卡"绘图"面板中的"直线"按钮，绘制长度为 5mm 的竖直直线，然后在不按鼠标按键的情况下竖直向下拉伸追踪线，在命令行输入 5.5 个单位，即中间的空隙为 5.5mm，单击鼠标左键，在此确定点 1，以点 1 为起点，绘制长度为 5mm 的竖直直线，如图 14-13 所示。

图 14-13　绘制直线

⓭ 设置极轴追踪。选择菜单栏中的"工具"→"绘图设置"命令，在弹出的"草图设置"对话框中，选中"启用极轴追踪"复选框，"增量角"设置为 15，如图 14-14 所示。

图 14-14　"草图设置"对话框

⓮ 绘制斜线。单击"默认"选项卡"绘图"面板中的"直线"按钮，以点 1 为起点，在 115°的追踪线上向左移动鼠标，绘制长度为 6mm 的斜线，如图 14-15 所示。

图 14-15　绘制斜线

⓯ 绘制短线。单击"默认"选项卡"绘图"面板中的"直线"按钮，以图 14-15 中端点 2 为起点分别向左、向右绘制长度为 1mm 的短线，如图 14-16 所示。

图 14-16　绘制短线

⓰ 旋转短线。单击"默认"选项卡"修改"面板中的"旋转"按钮，选择"复制"模式，将第⓯步绘制的水平短线分别绕端点 2 旋转 45°和 −45°，单击"默认"选项卡"修改"面板中的"删除"按钮，删除掉多余的短线，如图 14-17 所示。

图 14-17　旋转短线

⓱ 移动图形。单击"默认"选项卡"修改"面板中的"移动"按钮，以图 14-17 中端点 1 为移动基准点，图 14-12 中的 E 点为移动目标点，移动结果如图 14-18 所示。

图 14-18　移动图形

⓲ 修剪图形。单击"默认"选项卡"修改"面板中的"修剪"按钮，修剪掉多余直线，修剪结

果如图 14-19 所示。

图 14-19　修剪图形

⓳ 阵列图形。单击"默认"选项卡"修改"面板中的"矩形阵列"按钮，设置行数为 1，列数为 8，间距为 17，选择如图 14-20 所示的虚线图形为阵列对象，结果如图 14-21 所示。

图 14-20　选择对象

图 14-21　阵列结果

⓴ 修剪图形。单击"默认"选项卡"修改"面板中的"偏移"按钮，将图 14-22 中的直线 AB 向下偏移，偏移距离为 33mm，单击"默认"选项卡"修改"面板中的"拉长"按钮，将刚偏移的直线向右拉长 17mm，如图 14-22 所示。单击"默认"选项卡"修改"面板中的"修剪"按钮和"删除"按钮，修剪删除掉多余的图形，效果如图 14-23 所示。

图 14-22　偏移直线

图 14-23　修剪图形

㉑ 绘制直线。单击"默认"选项卡"绘图"面板中的"直线"按钮 ╱，以 P 点为起始点，竖直向上绘制长度为 37.5mm 的直线 1，以直线 1 上端点为起点，水平向右绘制长度为 50mm 的直线 2，如图 14-24 所示。

图 14-24　绘制直线

㉒ 移动直线。单击"默认"选项卡"修改"面板中的"移动"按钮 ✛，将图 14-24 中的直线 2 向下移动 7.8mm，单击"默认"选项卡"绘图"面板中的"直线"按钮 ╱，绘制短斜线，效果如图 14-25 所示。

图 14-25　移动直线

㉓ 添加注释文字。打开"图层特性管理器"对话框，把"标注层"设置为当前层。单击"默认"选项卡"注释"面板中的"多行文字"按钮 **A**，设置样式为 Standard，文字高度为 4，添加注释文字，如图 14-26 所示。

图 14-26　添加注释文字

㉔ 插入断路器符号。单击"默认"选项卡"修改"面板中的"复制"按钮 ％，将断路器符号插入到如图 14-27 所示的位置，单击"默认"选项卡"修改"面板中的"修剪"按钮 ⊬，修剪掉多余的线段，

单击"默认"选项卡"注释"面板中的"多行文字"按钮 **A**，添加注释文字，如图 14-27 所示。

图 14-27　插入断路器符号

㉕ 添加其他注释文字。单击"默认"选项卡"注释"面板中的"多行文字"按钮 **A**，补充添加其他注释文字，如图 14-28 所示。

图 14-28　添加其他注释文字

㉖ 偏移直线。单击"默认"选项卡"修改"面板中的"偏移"按钮 ㎝，将定位辅助线的上边框向下偏移 34mm，轴线向右偏移 27mm，如图 14-29 所示。

㉗ 绘制直线。打开"图层特性管理器"对话框，把"绘图层"设置为当前层。单击"默认"选项卡"绘图"面板中的"直线"按钮 ╱，以图 14-29 中的 M 点为起点，竖直向下绘制长度为 190mm 的直线，水平向右绘制长度为 103mm 的直线，然后在不按鼠标按键的情况下向右拉伸追踪线，在命令行输入 5，即中间的空隙为 5mm，单击鼠标左键，在此确定点 N，以 N 为起点，水平向右绘制长度为 30mm 的直线，单击"默认"选项卡"修改"面板中的"删除"按钮 ✐，删除第㉖步中偏移复制的两条定位辅助线，如图 14-30 所示。

图14-29 偏移直线

图14-30 绘制直线

㉘ 插入断路器符号。单击"默认"选项卡"修改"面板中的"旋转"按钮 ↻ ，将断路器符号旋转90°，单击"默认"选项卡"修改"面板中的"移动"按钮 ✛ ，将断路器符号插入到图14-31中的直线 *MN* 上，单击"默认"选项卡"修改"面板中的"修剪"按钮 ─／─ ，修剪掉多余的直线，如图14-31所示。

㉙ 添加注释文字。打开"图层特性管理器"对话框，把"标注层"设置为当前层。单击"默认"选项卡"注释"面板中的"多行文字"按钮 **A** ，添加注释文字，如图14-32所示。

㉚ 移动图形。单击"默认"选项卡"修改"面板中的"移动"按钮 ✛ ，选择图14-32中绘制好的一个回路及注释文字为移动对象，以其左端点为基准点，向下移动10mm。

㉛ 阵列图形。单击"默认"选项卡"修改"面板中的"矩形阵列"按钮 ▦ ，设置行数为11，列数为1，间距为–17，选择第㉚步中移动的回路及注释文字为阵列对象，阵列结果如图14-33所示。

图 14-31 插入断路器

图 14-32 添加注释文字

图 14-33 阵列结果

32 修改文字。用鼠标双击要修改的文字，在编辑框中填入要修改的内容，按 Enter 键即可。用同样的方法也可以对其他的文字进行修改，修改结果如图 14-34 所示。

图 14-34 修改文字

33 绘制直线。打开"图层特性管理器"对话框，把"绘图层"设置为当前层。单击"默认"选项卡"绘图"面板中的"直线"按钮 ／ ，选择配电箱中部，以其为起点，水平向左绘制长度为 42mm 的直线。

34 插入断路器符号。单击"默认"选项卡"修改"面板中的"复制"按钮 ，从已经绘制好的回路中复制断路器符号到如图 14-35 所示的位置，单击"默认"选项卡"修改"面板中的"修剪"按钮 ，修剪掉多余的线段。单击"默认"选项卡"注释"面板中的"多行文字"按钮 A ，添加注释文字，如图 14-35 所示。

图 14-35　插入断路器

至此，网球场配电系统图绘制完毕，最终结果如图 14-1 所示。

14.2　综合实例——厂房消防报警系统图

图 14-36 所示是一幅厂房消防报警系统图，此图的绘制思路为：先绘制消防控制室图，然后绘制其中一层的消防控制结构图，绘制完一层后进行复制，修改得到其他 3 层的消防控制结构图，最后将这几部分连接起来。

图 14-36　厂房消防报警系统图

14.2.1 | 设置绘图环境

STEP 绘制步骤

❶ 建立新文件。打开 AutoCAD 2018 应用程序，单击快速访问工具栏中的"新建"按钮，打开"选择样板"对话框，以"无样板打开-公制（M）"

方式创建一个新的空白图形文件，将新文件命名为"厂房消防报警系统图 .dwt"并保存。

❷ 设置图层。一共设置"母线层"和"部件层"两个图层，将这两个图层设置为不同的颜色，设置各图层的属性，将"部件层"设置为当前图层，如图 14-37 所示。

图 14-37 图层设置

14.2.2 | 绘制部件图

STEP 绘制步骤

1. 绘制消防控制室结构示意图

单击"默认"选项卡"绘图"面板中的"矩形"按钮，绘制 5 个矩形，矩形的尺寸并不重要，最主要是能表示它们之间的位置关系，单击"默认"选项卡"注释"面板中的"多行文字"按钮 **A**，在矩形内添加文字，结果如图 14-38 所示。

图 14-38 消防控制室结构示意图

2. 绘制一层的消防控制结构图

❶ 绘制感烟探测器。单击"默认"选项卡"绘图"面板中的"矩形"按钮，绘制一个矩形，矩

形的尺寸为 5mm×5mm，然后利用"直线"命令绘制一段折线，折线的尺寸为 1.5-3-1.5，结果如图 14-39（a）所示。单击"默认"选项卡"修改"面板中的"旋转"按钮 ，将折线部分以正方形的中心为轴，逆时针旋转 45°，结果如图 14-39（b）所示。

(a)   (b)

图 14-39 感烟探测器图

❷ 绘制带电话插口手报。单击"默认"选项卡"绘图"面板中的"矩形"按钮，绘制一个矩形，矩形尺寸为 5mm×5mm，单击"默认"选项卡"绘图"面板中的"圆"按钮，在矩形内绘制一个小圆和一个大圆，小圆的直径为 1mm，大圆的直径为 3mm，大圆的圆心到两个边的距离为 1mm 和 2.5mm，小圆的圆心到两边的距离为 1mm 和 1.5mm，如图 14-40（a）所示。在大圆的下端点绘制一条垂线，并在大圆上过圆心绘制一条水平的直径，如图

14-40（a）所示，单击"默认"选项卡"修改"面板中的"修剪"按钮和"删除"按钮，删除多余的线条，如图 14-40（b）所示。

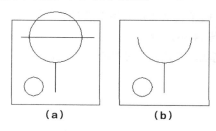

图 14-40　带电话插口手报图

❸ 绘制控制模块和输入模块。控制模块和输入模块的绘制都比较简单，单击"默认"选项卡"绘图"面板中的"矩形"按钮，绘制一个矩形，矩形的尺寸为 2nmm×2mm，单击"默认"选项卡"注释"面板中的"多行文字"按钮 A，在方框中添加"C"，为控制模块，添加"M"，为输入模块，如果字体比较大或比较小，可以单击"默认"选项卡"修改"面板中的"缩放"按钮，然后选择基点，可选中心点；最后选择缩放的倍数，这样可以调整字体的大小，结果如图 14-41 所示。

图 14-41　控制模块和输入模块图

❹ 绘制声光警报器。

（1）单击"默认"选项卡"绘图"面板中的"直线"按钮，绘制一条水平线和一条中心线，水平直线长 8mm，单击"默认"选项卡"修改"面板中的"偏移"按钮，绘制水平直线的平行线，偏移的距离为 6mm，接着在左侧画一条角度适中的斜线，与水平线成 60° 夹角，单击"默认"选项卡"修改"面板中的"镜像"按钮，以中心线为中心镜像出另一侧的斜线，结果如图 14-42（a）所示。

（2）单击"默认"选项卡"绘图"面板中的"矩形"按钮，绘制一个矩形，矩形的尺寸为 2mm×2mm，单击"默认"选项卡"绘图"面板中

的"直线"按钮，在矩形的旁边绘制一个不规则的四边形，结果如图 14-42（b）所示。

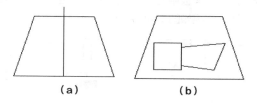

图 14-42　声光警报器图

❺ 绘制接线箱。

（1）单击"默认"选项卡"绘图"面板中的"矩形"按钮，绘制一个矩形，矩形的尺寸为 16mm×8mm，然后捕捉矩形四条边的中点。

（2）单击"默认"选项卡"绘图"面板中的"直线"按钮，绘制两条直线即可，结果如图 14-43 所示。

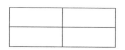

图 14-43　接线箱图

❻ 绘制隔离器。单击"默认"选项卡"绘图"面板中的"矩形"按钮，绘制一个矩形，矩形的尺寸为 5mm×5mm，单击"默认"选项卡"注释"面板中的"多行文字"按钮 A，在矩形内输入 Dg，字体的高度为 2.5mm，结果如图 14-44 所示。

图 14-44　隔离器图

❼ 连接各部件。

（1）将以上这些部件放入图中适当的位置后，单击"默认"选项卡"绘图"面板中的"多段线"按钮，并调整直线的宽度为 0.5mm，将这些部件连接起来，连接后结果如图 14-45 所示。

图 14-45　一层的消防控制结构图

（2）在图 14-45 的基础上，单击"默认"选项卡"注释"面板中的"多行文字"按钮 A，添加文字标注，结果如图 14-46 所示。

图 14-46 添加注释后的一层消防控制结构图

（3）单击"默认"选项卡"修改"面板中的"复制"按钮，复制出其他 3 部分，然后修改其中的标识，结果如图 14-47 所示。

（4）将以上各部分用直线连接起来，连接的结果如图 14-36 所示。

至此，厂房消防报警系统图绘制完成。

图 14-47 复制完成后的效果图

14.3 上机实验

【实验】绘制跳水馆照明干线系统图

1. 目的要求

绘制如图 14-48 所示的跳水馆照明干线系统图。

2. 操作提示

各分电盘中 A 为控制模块控制的回路个数，B 为控制模块个数，C 为控制开关控制的回路个数，D 为控制开关个数。

图 14-48　跳水馆照明干线系统图

14.4　思考与练习

绘制如图 14-49 所示的门禁系统图。

图 14-49　门禁系统图

附录

模拟题　　　（满分100分）

一、单项选择题（以下各小题给出的四个选项中，只有一个符合题目要求，请选择相应的选项，不选、错选均不得分，共30题，每题2分，共60分）

1. 在日常工作中贯彻办公和绘图标准时，下列哪种方式最为有效？（　　　）

A. 应用典型的图形文件

B. 应用模板文件

C. 重复利用已有的二维绘图文件

D. 在"启动"对话框中选择公制

2. 如图1所示，捕捉矩形的中心利用的是？（　　　）

A. 对象捕捉"中点"、对象捕捉追踪

B. 极轴追踪

C. 对象捕捉"中心点"

D. 都有

图1

3. 当捕捉设定的间距与栅格所设定的间距不同时？（　　　）

A. 捕捉仍然只按栅格进行

B. 捕捉时按照捕捉间距进行

C. 捕捉既按栅格，又按捕捉间距进行

D. 无法设置

4. 绘制一条长度为50mm的直线，在"标注样式"对话框中设置的比例因子为2，将被标注为（　　　）。

A. 50　　　B. 25　　　C. 100　　　D. 2

5. 尺寸标注与文本标注所有尺寸标注公用一条尺寸界线的是？（　　　）

A. 引线标注　　　　　　B. 连续标注

C. 基线标注　　　　　　D. 公差标注

6. 使用块的优点有下面哪些？（　　　）

A. 一个块中可以定义多个属性

B. 多个块可以共用一个属性

C. 块必须定义属性

D. A 和 B

7. 边长为10的正五边形的外接圆的半径是（　　　）。

A. 8.51　　　　　　　B. 17.01

C. 6.88　　　　　　　D. 13.76

8. AutoCAD 为用户提供了屏幕菜单方式，该菜单位于屏幕的？（　　　）

A. 上侧　　　　　　　B. 下侧

C. 左侧　　　　　　　D. 右侧

9. 重复复制多个图形时，可以选择什么字母命令实现？（　　　）

A. M　　B. A　　C. U　　D. E

10. 使用修剪命令，首先需定义剪切边，当未选择对象按空格键，则（　　　）。

A. 无法进行操作

B. 退出该命令

C. 所有显示的对象作为潜在的剪切边

D. 提示要求选择剪切边

11. 在图纸空间创建长度为1000mm的竖直线，设置 DIMLFAC 为 5，视口比例为 1：2，在布局空间进行的关联标注直线长度为？（　　　）

A. 500　　　　　　　B. 1000

C. 2500　　　　　　　D. 5000

12. 绘图与编辑方法关于样条曲线拟合点说法错误的是？（　　　）

A. 可以删除样条曲线的拟合点

B. 可以添加样条曲线的拟合点

C. 可以阵列样条曲线的拟合点

D. 可以移动样条曲线的拟合点

13. 根据图案填充创建边界时，边界类型可能是以下（　　）选项。

A. 多段线 　　　　B. 样条曲线

C. 三维多段线 　　D. 螺旋线

14. 在"尺寸标注样式管理器"中将"测量单位比例"的比例因子设置为 0.5，则 30° 的角度将被标注为（　　）。

A. 15

B. 60

C. 30

D. 与注释比例相关，不定

15. 使用偏移命令时，下列说法正确的是（　　）。

A. 偏移值可以小于 0，这是向反向偏移

B. 可以框选对象进行一次偏移多个对象

C. 一次只能偏移一个对象

D. 偏移命令执行时不能删除原对象

16. 以下哪个方法不能打开多行文本命令？（　　）

A. 单击"绘图"工具栏中"多行文字"按钮

B. 单击"文字"工具栏中"多行文字"按钮

C. 单击"标准"工具栏中"多行文字"按钮

D. 命令行中输入"MTEXT"

17. 使用 COPY 复制一个圆，指基点为（0,0），再提示指定第二个点时回车以第一个点作为位移，则下面说法正确的是？（　　）

A. 没有复制图形

B. 复制的图形圆心与"0,0"重合

C. 复制的图形与原图形重合

D. 操作无效

18. 创建电子传递时，以下哪种类型文件将不会自动添加到传递包中？（　　）

A.*.dwg　　　　　B.*.dwf

C.*.pc3　　　　　D.*.pat

19. 要在打印图形中精确地缩放每个显示视图，可以使用以下方法设置每个视图相对于图纸空间的比例？（　　）

A. "特性"选项板

B. ZOOM 命令的 XP 选项

D. "视口"工具栏更改视口的视图比例

C. 以上都可以

20. 下列关于快捷菜单的使用不正确的是？（　　）

A. 在屏幕的不同区域上单击鼠标右键时，可以显示不同的快捷菜单

B. 在执行透明命令过程中不可以显示快捷菜单

C. AutoCAD 允许自定义快捷菜单

D. 在绘图区域单击鼠标右键时，如果已选定了一个或多个对象，将显示编辑快捷菜单

21. 关于偏移，下面说明错误的是？（　　）

A. 偏移值为 30

B. 偏移值为 −30

C. 偏移圆弧时，即可以创建更大的圆弧，也可以创建更小的圆弧

D. 可以偏移的对象类型有样条曲线

22. 如果误删除了对象 1，接着又绘制了对象 2 和对象 3，现在想恢复对象 1，但又不能影响到 2 和 3，应如何操作？（　　）

A. 单击"放弃"按钮

B. 输入命令 Undo

C. 单击"重做"按钮

D. 输入命令 Oops

23. 新建图纸，采用无样板打开 - 公制，默认布局图纸尺寸是（　　）。

A. A4　　　　　　B. A3

C. A2　　　　　　D. A1

24. 对"极轴"追踪进行设置，把增量角设为 30°，把附加角设为 10°，采用极轴追踪时，不会显示极轴对齐的是（　　）。

A. 10°　　　　　　B. 30°

C. 40°　　　　　　D. 60°

25. 尺寸标注与文本标注 <p> 尺寸公差中的上下偏差可以在线性标注的哪个选项中堆叠起来 :</p>？（　　）

A. 多行文字　　　B. 文字

C. 角度　　　　　D. 水平

26. 不能作为多重引线线型类型的是（　　）。

A. 直线　　　　　B. 多段线

C. 样条曲线　　　D. 以上均可以

27. 如果对图2中的正方形沿两个点打断，打断之后的长度为（　　）。

A. 150　　　　　B. 100

C. 150 或 50　　D. 随机

图2

28. 当用户绘制图形时，需要放弃上一步操作时，下列方法错误的是？（　　）

A. 单击"标准"工具栏上的"放弃"命令图标

B. 删除重新绘制

C. 采用快捷组合键"Ctrl+Z"

D. 采用简化命令 U

29. 绘图与编辑方法按照图3中的设置，创建的表格是几行几列？（　　）

A. 10 行 5 列　　　B. 10 行 1 列

C. 11 行 5 列　　　D. 12 行 1 列

图3

30. 完成一直线绘制，然后直接回车两次，其结果是？（　　）

A. 直线命令中断

B. 以直线端点为起点绘制圆弧

C. 以直线端点为起点绘制直线

D. 以圆心为起点绘制直线

二、操作题（根据题中的要求逐步完成，每题20分，共2题，共40分）

1. 绘制如图4所示的变频器电气接线原理图。

图4

（1）目的要求

本题以简单的电气原理图为例，要求读者熟练使用基本绘图命令及图形编辑的使用方法。

（2）操作提示

① 打开样板文件。

② 绘制元件模块。

③ 连接元件，绘制回路。

④ 标注电路图。

2. 绘制图 5 所示的乒乓球馆照明平面图。

图5

（1）目的要求

本例绘制乒乓球馆照明平面图，在平面图的基础上添加灯具等照明元件，最后绘制线路。主要练习考察元件布置能力，不只需要细心与耐心，同时考察读者绘图速度。

（2）操作提示

① 利用"圆""图案填充"命令绘制灯具。

② 利用"直线"命令绘制线路。

③ 文字标注原理图。

模拟题单项选择题答案：

1-5 BABCC	6-10 DADAC	11-15 DCACC
16-20 CCDCD	21-25 BDACA	26-30 BACCC